知識ゼロからの

野草図鑑

高橋秀男
ネイチャー・プロ編集室
写真 平野隆久

幻冬舎

植物の生育環境

林や山

低山や里山の森林には、半日陰で生きる植物が多く生えています。落葉樹の森では、春、木の葉が出る前に日の光を浴びて咲く花が見られます。

野や里

明るくひらけた野や里には、よく目にする身近な植物がたくさんあります。道ばたには、人に踏まれてもまた立ち上がる丈夫な草が生えています。

水辺

川の近く、池や沼、田んぼのまわりなどには、湿地を好む植物が生えています。水中に根を張る植物もあります。

海辺

海辺は塩分や日差しが強い厳しい環境ですが、それに適応した仕組みを持つ植物が生えています。

知識ゼロからの野草図鑑

もくじ

コラム

この本の使い方

この本では、身近な植物を季節で分け、さらに場所と草・木で別に紹介しています。例えば、【春、散歩中の道ばたで気になる野草を見つけたら「春　野や里の野草」のページ】を、【夏、山へハイキングに行っておもしろい木があったら「夏　林や山の樹木」のページ】を探してみましょう。

場所をあらわすマーク

※ページの端に入っています。

基本的な言葉

150ページに用語の説明がありますが、ここではよく出てくる基本的な言葉を説明します。

花のつくり

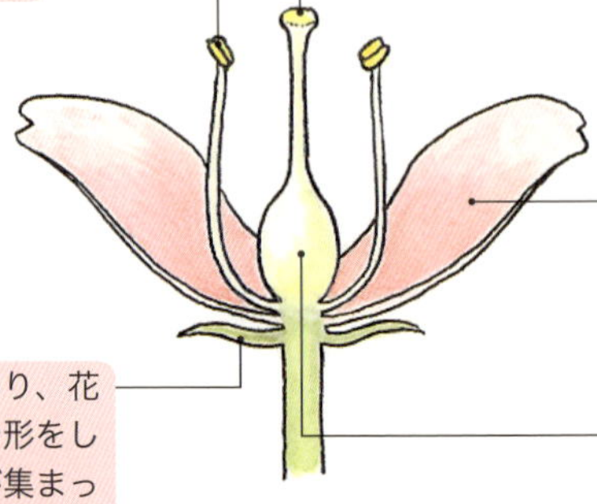

雄しべ
花の中で、花粉を作る部分。

雌しべ
花の中で、花粉を受け取る部分。中に、熟すと種子になる部分（胚珠《はいしゅ》）がある。

花びら
がくより内側にあり、雄しべや雌しべを守っている。

がく片
花の１番外側にあり、花びらとは違う色や形をしている。がく片が集まったものをがくという。

子房
雌しべの下にあり、果肉になる部分。中に種子ができる。

頭花《とうか》　キクの仲間やマツムシソウなど、1つの花の軸の先に、たくさんの小さな花が集まって付き、全体で1つの花のように見えるもの。

小花《しょうか》　頭花の、1つ1つの花。花びらが途中まで筒のようにくっついた形のものを筒状花、くっついた花びらの一部が長く伸びたものを舌状花という。

果実　胚珠を包んでいる部分（子房）が熟したもの。

種子　胚珠が熟したもの。種子からはやがて新しい芽が出る。

葉のつくり

葉の柄
葉の一部で、葉が茎とつながっている細い部分。茎と葉の間の水や栄養分の通り道になる。

単葉
1枚の葉（葉身）からできているものを単葉という。

複葉
葉身が数枚の部分に分かれているものを複葉といい、その1枚1枚の部分を小葉という。

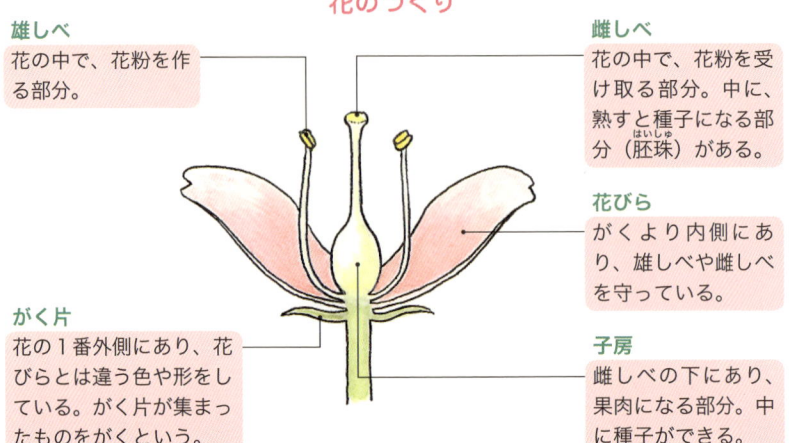

春

セイヨウタンポポ

(キク科・多年草)

ヨーロッパ原産の帰化植物ですが、現在都会で見られるタンポポのほとんどは、このセイヨウタンポポです。高さは15～30cm。がく片のように見える総苞片の外側が反り返るのが特徴です。花は春早くから、9月頃まで見られます。

シロバナタンポポ

(キク科・多年草)

白い花が咲くタンポポで、在来種の1つです。本州の西側に分布し、道ばたなど人家の近くで見られます。花の茎は15～30cm、時には40cm近くまで伸びます。受粉しなくても実ができ、この性質はセイヨウタンポポにも見られます。

カントウタンポポ (キク科・多年草)

日本に昔から生える在来のタンポポは、総苞片の外側が反り返りません。田園地帯の環境を好むため、都市化でセイヨウタンポポに取って代わられています。このタンポポもその1つ。高さ15～30cm、関東地方や山梨、静岡で見られます。

カンサイタンポポ

(キク科・多年草)

在来のタンポポの1つで、やはり数は減っています。長野県以西に分布します。高さは約20cm、茎が細く、頭花も少し小さめです。カントウタンポポは総苞片の上の方に黒っぽい突起がありますが、カンサイタンポポには普通ありません。

見分け方

タンポポのがく片のように見える部分を、総《そう》苞片《ほうへん》と呼びます。この外側の部分(外総苞片)が、見分けのポイントになります。

セイヨウタンポポ

セイヨウタンポポは、外総苞片が反り返っています。

この部分が外総苞片。

カントウタンポポ

外総苞片にでっぱりがある。

日本に昔から野生で生える在来種のタンポポは、外総苞片が反り返りません。

カンサイタンポポ

外総苞片にでっぱりがないものが多い。

タンポポに集まる生きもの

タンポポは、たくさんの小さな花の集まりなので、やってきた虫は、一度に多くの花の花粉を体に付けることになり、効率よく花粉を運んでもらうことができます。

ハナアブ

ハナアブ科

ハチに似ているが、ハエの仲間。花粉や蜜を食べる。

テントウムシ

テントウムシ科

タンポポに付いているアブラムシを食べる。

ヨウシュミツバチ

ミツバチ科

蜜を吸ったり、幼虫のえさになる花粉を集めるために、せっせと花を訪れる。

モンシロチョウ

シロチョウ科

細長い口で蜜を吸うと、長い雄しべが体に触れ、花粉が付く。ほかにも、タンポポには色々なチョウが蜜を吸いに来る。

ハナムグリ

コガネムシ科

花にもぐるようにして花粉を食べ、体中に花粉が付く。

ハルジオン（キク科・多年草）

人里で見られ、畑のそばなどではたくさん集まって生えます。高さ30cm〜1m。北アメリカ原産で、日本には大正時代に入ってきました。よく似たヒメジョオンと比べると、花びらに見える部分（舌状花）の数が多く、色はピンクがかっています。

◀ハルジオンの茎は中が空。同じ仲間で似た姿のヒメジョオン（p54）は、茎の中が詰まっている。

ノボロギク

（キク科・1年草）

高さ30cmほどの、背の低い草です。枝分かれした茎の先に、小さくすぼんだ花を付けますが、これはさらに小さな花の集まりです。葉は鳥の羽のように不規則に裂けます。道ばたや畑などでよく見られる帰化植物です。

ウラジロチチコグサ

（キク科・1年草〜越年草）

南アメリカ原産の帰化植物で、近年急激に増えています。空き地や道ばたなどに生えます。葉の裏に白い毛が密に生え、真っ白に見えるため「ウラジロ」の名があります。高さは40cmほどになります。茎につく葉はふちが波打っています。

フキ（キク科・多年草）

山や野原に生えます。早春に見られる若いつぼみは「ふきのとう」として親しまれます。地下茎で増えるため、地面から葉が直接生えるように見えます。葉の柄は60cmくらいになり、太さは直径1cmほど。こちらも食用でおなじみです。

▶生長したフキ。大きな葉がよく目立つ。

ハハコグサ（キク科・越年草）

道ばたや畑などに生えます。高さ15～40cm。葉や茎に白い毛が多くほおけ立つ様子を、昔「ハハケル」と書いたことからの命名とされますが、ほかの説もあります。つぶつぶとした黄色い花は、1つ1つがそれぞれ小さな花の集まりです。

春の七草

春の七草は「セリ、ナズナ、オギョウ、ハコベラ、ホトケノザ、スズナ、スズシロ」の7種。オギョウはハハコグサ、ハコベラはハコベ、ホトケノザはコオニタビラコ、スズナはカブ、そしてスズシロはダイコンのことです。

ノアザミ（キク科・多年草）

春〜初夏に咲くアザミはこのノアザミだけ。夏〜秋に咲くほかのアザミの仲間とはすぐに区別できます。花の集まりのまわりの部分（総苞）はベタベタしています。葉のふちに鋭いトゲがあります。高さは50cm〜1m。山や野原で見られます。

▲ノアザミに来たアオハナムグリ。頭をもぐらせて、夢中で花粉を食べている。

キツネアザミ（キク科・越年草）

アザミとは別の仲間ですが、花が似ていてだまされるので付いた名。葉にトゲがなく、さわるとやわらかいことで、アザミの仲間と区別できます。道ばたや空き地のほか、田畑など肥沃なところを好みます。高さは70〜90cmほどです。

キク科の特徴

キク科植物の花に見える部分は、小さな花の集まり（頭花）です。小さい花には、長い花びらがある舌状花と、花びらが筒のような形の筒状花の2種類があります。頭花のまわりには、がくのような総苞があります。

ヒマワリ（キク科）の断面

ニガナ（キク科・多年草）

茎や葉から出る汁が苦いことから「苦菜」と名付けられました。高さ20〜50cm。普通は小さな花が5つ集まり、5枚の花びらに見えます。日当たりの良いところを好み、曇りの日には花を閉じてしまいます。根元の葉は細長く、長い柄があります。

▶ニガナの花。一重で、ほかのキク科の花に比べてボリュームが少なく見える。小花が8枚以上のものを、ハナニガナという。

ジシバリ（イワニガナ）

（キク科・多年草）

細長い茎が地面をはって伸び、その途中から根を出して増える様子が、地面をしばるように見える、というのが名の由来です。葉の形は丸みのある卵形で、長い柄があります。高さは8〜15cmほどで、道ばたや畑のあぜなどで見られます。

オオジシバリ（キク科・多年草）

ジシバリとよく似ていますが、全体にジシバリより少し大きめで、高さは20cmほど。やや湿った場所や田の近くなどで普通に見られます。葉はへらのような細長い形です。

見分け方

ジシバリ
高さ8〜15cm、花の直径約1.5cm。葉は丸い。

オオジシバリ
高さ約20cm、花の直径2〜2.5cm。葉は細長い。

オニタビラコ（キク科・1～越年草）

道ばたや空き地などでよく見られる草です。茎は20cmくらいから、大きいものでは1m近くまで伸び、全体に細かい毛が生えています。根元に広がって付く葉には、羽のように切れ込みがあります。草の大きさの割に花は小さめです。

コオニタビラコ（タビラコ）

（キク科・越年草）

水田などに多く生え、全体にオニタビラコより小型ですが、花は少し大きめ。春の七草の「ホトケノザ」はこの草のことで、シソ科の「ホトケノザ」とは全くの別物です。

見分け方

オニタビラコ
高さ20cm～1m。花の直径7～8mm。茎は直立する。

コオニタビラコ
高さ約10cm。花の直径12～15mm。茎は斜めに伸びる。

ムラサキサギゴケ

（ゴマノハグサ科・多年草）

花の形を鳥のサギに、地面に広がる姿をコケになぞらえて、この名が付けられました。花の色が白いものもあり、サギゴケと呼ばれます。地をはう茎を四方に伸ばして広がります。田のあぜなど、湿ったところでよく見られます。

トキワハゼ（ゴマノハグサ科・1年草）

ムラサキサギゴケによく似た花が咲きますが、道ばたや畑などのやや乾いたところに生えます。茎は上へ向かって伸び、高さ5～20cmほどになります。春から晩秋まで花が見られます。

見分け方

ムラサキサギゴケ
茎が地面をはう。花の色は紫色。

トキワハゼ
茎は地面をはわない。花の色は一部分が紫で、ほかは白に近い。

オオイヌノフグリ

(ゴマノハグサ科・越年草)

まだ肌寒い3月頃から、道ばたや空き地であざやかな青い花を開き、春の訪れを告げます。茎は枝分かれし横に広がるため、背は高くなりません。漢字では「大犬の陰嚢」。この名は果実の形に由来しています。ヨーロッパ原産の帰化植物です。

◀オオイヌノフグリの果実。この形が犬のふぐり(陰嚢)に似ているので、名前が付けられた。

見分け方

オオイヌノフグリ
花の直径約1cm、
茎は地面をはう。

タチイヌノフグリ
花の直径3.5〜4mm、
茎は直立する。

タチイヌノフグリ

(ゴマノハグサ科・越年草)

オオイヌノフグリの仲間ですが、花はずっと小さく、葉やがくなどに埋もれるように咲くので目立ちません。茎がまっすぐ上に伸びるため、「タチ(立)」の名があります。高さは10〜30cm、道ばたや畑などに生えるヨーロッパ原産の帰化植物。

ノゲシ(ハルノノゲシ)

(キク科・越年草)

畑や道ばたなどによく生えます。高さ50cm〜1m、茎は太く、中空です。葉の付け根が茎を抱き込むのが特徴です。葉のふちにとがったギザギザがありますが、さわっても痛くありません。よく似たオニノゲシは痛いので区別できます。

ホトケノザ（シソ科・越年草）

2枚の葉が向かい合って付く様子を蓮座（仏像を安置する台座）に見立てて、「仏の座」と名付けられました。高さ10〜30cm、道ばたや畑などに生えます。春の七草の「ホトケノザ」はこの草ではなく、コオニタビラコのことです。

▶ホトケノザの群生。花の形をよく見てみると、ヒメオドリコソウとよく似ている。

ヤエムグラ（アカネ科・1〜越年草）

葉は6〜8枚に見え、輪のように茎を囲んで付いています。5〜6月頃、直径約1mmのごく小さな花が咲きます。茎は長さ60cm〜1mで、四角張っていて、下向きのトゲでほかのものに引っかかります。葉や果実にもトゲがあります。

オドリコソウ（シソ科・多年草）

花の形を、笠をかぶった踊り子に見立てた命名です。花は長さ3〜4cmと、シソ科の仲間の中では大きめです。高さ30〜50cm、山や道ばたなどの、やや暗い場所に集まって生えます。花の色は、淡い黄色とピンク色があります。

ヒメオドリコソウ

(シソ科・越年草)

ピラミッド形に集まって付いた葉の間から、ピンク色の花が顔を出します。茎の上の方に付く葉は赤紫がかっています。茎は断面が四角形で、これはシソ科の特徴です。高さは10〜25cm、畑などによく生える帰化植物です。

▶果実は4つに分かれている。在来種のオドリコソウよりも花が小さいので「ヒメ(小さいの意)」と付いた。

草木の芽生え

林の中や道ばたなどで、地面近くに目線を落とすと、小さな植物の芽生えを見つけることがあるでしょう。早春に芽生える草、秋に芽生える草、時期によって色々な芽生えを観察できます。小さな命の誕生をそっと見守りましょう。

セイヨウタンポポの芽生え(春〜秋)

ツユクサの芽生え(春)

マツの芽生え(春)

落ち葉の下で芽生えるミミナグサ(秋)

モミジの葉の下で芽生えるホトケノザ(秋)

カキドオシ

（シソ科・多年草）

花が終わると茎がつる状に伸びて、これが垣根を通り抜けるということから「垣通し」の名があります。葉は丸みのある逆ハート形で、ふちにギザギザがある特徴的な形です。高さ5〜25cm、野原や道ばた、畑などで見られます。

タツナミソウ

（シソ科・多年草）

花は一方向にかたよって付き、根元の部分が長く、先の方は曲がっています。この形が、打ち寄せる波のようなので「立浪草」の名があります。高さ20〜40cm、丘陵の林のふちなどで見られます。花の色は青紫、薄紫などがあります。

キランソウ

（シソ科・多年草）

ジゴクノカマノフタという変わった別名があります。根元の葉を平たく広げ、茎は地面をはい、花も葉のわきに付くため、地面に張り付いて見えます。ほかのシソ科の植物と違い、茎の断面は丸い形です。林のふちや土手などで見られます。

▶ピンクのキランソウ。モモイロキランソウと呼ばれる。

トウダイグサ

（トウダイグサ科・越年草）

花の形が独特で、雄花数個と雌花1個が、壺のような形になった総苞（葉が変化したもの）に包まれて咲きますが、花びらはありません。高さ20～40cm、日当たりのよいところに生えます。茎や葉を切ると出る白い汁は有毒です。

▲トウダイグサの花。苞葉のお椀のような形が、油を入れて灯をともした燈台に似ていることから名前が付いた。

キュウリグサ（タビラコ）

（ムラサキ科・越年草）

葉をもむと、キュウリに似た香りがします。高さ15～30cm。花の付いた柄は、最初くるりと巻いていますが、花が咲くとほどけていきます。花は、直径約2mmと非常に小さいです。道ばたや庭などに生えます。

▲キュウリグサの花先。花びらは5つに割れて、下の方でくっついている。

ツボスミレ（ニョイスミレ）

（スミレ科・多年草）

田のあぜや草原などの少し湿ったところに多いスミレです。高さは5〜25cmほど。花は白く、直径約1cmと小さめです。真ん中の花びらに、細かい紫色のすじがあります。葉の柄の付け根に、ギザギザのない小さな葉（たく葉）が付きます。

タチツボスミレ

（スミレ科・多年草）

人里から山の中まで、全国各地で最も普通に見かけるスミレです。花は薄紫色、葉はハート形です。地上に伸びた茎から葉や花の柄を出し、葉の柄の付け根に小さなギザギザの葉（たく葉）が付きます。高さは花の頃は10cmほどです。

スミレ（スミレ科・多年草）

日本の代表的なスミレで、濃い紫色の花と、細長い葉が特徴的です。地面から直接、花の柄や葉の柄を伸ばし、葉の柄にはひれのようなもの（翼）があります。高さは7〜11cmで、日当たりのよい場所に生えます。

ノジスミレ（スミレ科・多年草）

人家近くの、日当たりのよい道ばたや庭などで見られます。全体に短い毛が生えています。葉は細長い形ですが、スミレと比べて根元の方が幅広くなっています。花びらのふちが波打っているのも特徴です。高さは約10cmです。名前の「ノジ」は、「野原の路」から来ています。

見分け方

日本には60種類以上ものスミレの仲間があるといわれます。花の色や毛の有無、葉の形や、茎・根の様子などを、細かく観察してみましょう。

スミレ 花は濃い紫色で、中に毛が生える。葉はへら形でひれがある。

ノジスミレ 花は濃い紫色ですじが目立つ。葉はへら形で柄にひれはない。

タチツボスミレ 花は薄い紫色。葉はハート形で、付け根に小さなギザギザの葉が付く。

スミレに集まる生きもの

スミレ類の花の蜜は、距（きょ）という花びらの後ろの突き出た部分の奥にあります。蜜を吸えるのは、長い口を持った昆虫たちです。
また、種子を目当てに来るものもいます。

ビロードツリアブ
ツリアブ科
細長い口を持つアブの仲間。体長0.8～1.2cmと小さく、小ぶりなスミレの蜜を吸いやすい。

ギフチョウ
アゲハチョウ科
ギフチョウとスミレの組み合わせは、春の里山での代表的な光景。

ウラギンヒョウモン
タテハチョウ科
葉に卵を産み付けに来る。

ツマグロヒョウモンの幼虫
スミレの仲間の葉を食べる。

クロオオアリ
アリ科
栄養たっぷりな種子の付属物（エライオソーム）をえさにするため、種子を運ぶ。

シロツメクサ（クローバー）

（マメ科・多年草）

ヨーロッパ原産の帰化植物で、元々牧草として輸入されましたが、今では全国の空き地、道ばたなどで見られます。葉は3枚の小葉に分かれますが、4枚に分かれる「四つ葉のクローバー」も時々見られます。茎は地をはって伸びます。ところどころにある赤紫の花は、アカツメクサです。

アカツメクサ（ムラサキツメクサ）

（マメ科・多年草）

シロツメクサと同じく帰化植物です。花は赤紫色で、シロツメクサと違って、花の下にも葉が付いています。また茎は地をはわずに直立し、高さ20〜60cmになります。道ばたや野原などの乾いたところで見られます。シロツメクサよりも、花も葉も大ぶりで、葉の白いV字模様がよく目立ちます。

ゲンゲ（レンゲソウ）

（マメ科・越年草）

昔は、肥料にするために、稲刈り後の田にこの草の種子をまいていたため、春には一面ピンク色のゲンゲ畑の光景が見られました。元々は中国原産の植物です。ハチミツをとるための蜜源植物でもあります。高さ10〜25cm。

◀ゲンゲの蜜を集めに来たミツバチ。頭とあしで花びらをこじあけて中にもぐり込む。

カラスノエンドウ（ヤハズエンドウ）

（マメ科・越年草）

道ばたや野原、畑などでよく見られる、つる性の草です。熟した果実の真っ黒な色が、「カラス」の名の由来とされます。葉は8～16枚ほどの小葉に分かれ、先端は巻きひげになっています。これで何かにからみ付きながら伸びます。

ミヤコグサ（エボシグサ）

（マメ科・多年草）

別名の通り烏帽子のような形の、あざやかな黄色の花が目を引きます。道ばたや草地のほか、海辺などでも見られます。茎は長さ15～25cmになりますが、地面をはって広がるため、背は高くなりません。

スズメノエンドウ

（マメ科・越年草）

カラスノエンドウより、花も葉も果実も小さいので、「スズメ」の名前が付けられました。道ばたや畑などに生えますが、カラスノエンドウほど多くありません。どちらもソラマメの仲間です。花は白っぽい紫色で、長い柄の先に付きます。

マメ科植物と菌の助け合い

マメ科の植物は、植物の生長に必要な栄養分の1つである窒素分の少ない土壌でもよく育ちます。マメ科の植物の根に住む根粒菌という菌が、空気に含まれる窒素を、植物が吸収できる形に変えてくれるのです。菌は植物から栄養をもらい、共生しています。

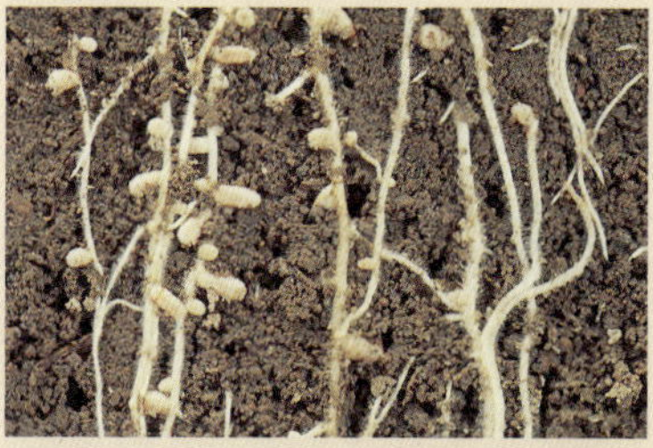

▲ゲンゲの根。ブツブツと見えるのが根粒菌が作った根粒。

キジムシロ（バラ科・多年草）

地面に丸く広がる様子が「キジが座るむしろのようだ」ということで、命名されたといわれます。草地や雑木林の中などで見られ、高さは30〜50cmほどです。葉は5〜9枚の小葉に分かれています。全体に毛が生えています。

見分け方

キジムシロ	ミツバツチグリ
葉が5〜9枚に分かれる。地をはう茎はない。	葉が3枚に分かれる。地をはう茎を出す。

ミツバツチグリ（バラ科・多年草）

キジムシロにとても似ていますが、葉の小葉が3枚であることで見分けられます。花が終わる頃に、地をはって伸びる茎を出します。高さは15〜30cm。山や野原の日当たりのよいところに生えます。

ヘビイチゴ
（バラ科・多年草）

毒はありませんが、食べても全くおいしくありません。赤くて丸い「イチゴ」ができますが、表面のブツブツが本当の果実です。茎は地面をはって広がります。葉は明るい黄緑色です。田のあぜや道ばたなどの湿ったところに生えます。

◀ヘビイチゴの果実。小さな果実がたくさん集まって付く集合果。

ナズナ（ペンペングサ）

（アブラナ科・越年草）

春の七草の1つで、昔から食用にされていました。道ばたや田畑でよく見られ、高さは10〜40cmです。茎に付いている果実は三角形で、これを三味線のバチにたとえたのが、別名「ペンペングサ」の由来です。

イヌナズナ

（アブラナ科・越年草）

花の形がナズナに似ていますが、色は黄色です。花の下に、茎に並んで付いているのは果実で、平たい楕円形をしています。茎や葉には毛が多く生えています。草地や道ばたなどで見られ、高さは10〜20cmです。

マメグンバイナズナ

（アブラナ科・越年草）

一見ナズナに似ていますが、茎の上の方が枝分かれし、その先に花を付けます。果実の形は平たい円形で、これを相撲の軍配に見立てて名付けられました。高さ20〜50cm。道ばたなどで多く見られる帰化植物です。

見分け方

ナズナ
茎の上部が枝分かれしない。果実は三角形。

マメグンバイナズナ
茎の上部が枝分かれする。果実は軍配の形。

ショカツサイ（オオアラセイトウ，ハナダイコン）

（アブラナ科・1〜越年草）

元々観賞用に栽培されていたものが野生化した帰化植物で、土手や畑のそばなどで一面に生えていることもあります。高さ20〜50cm、花の大きさは直径2〜3cmです。本来は多年草ですが、暑さに弱いため日本では1〜越年草とされます。中国原産で、江戸時代に渡来しました。

ムラサキケマン（ヤブケマン）

（ケシ科・越年草）

「ケマン」とは仏具の名前で、花の形からきています。赤紫色の花が、茎の先にたくさん集まって付きます。花の後ろが細長く突き出た形が特徴的です。葉は細かく裂けます。高さ20〜50cm、少し湿った林のふちなどに生えます。

◀シロヤブケマンという白いムラサキケマンの花。ムラサキケマンは草全体に毒があるので注意。

ユキノシタ

（ユキノシタ科・多年草）

やけどなどに効く薬草で、食用にもなるため、昔は家の裏庭などによく植えられました。湿った岩の上などに生え、高さは20〜50cm。葉は丸く、やわらかく厚みがあります。5枚の花びらのうち2枚が長い、おもしろい形の花が咲きます。

◀冬、雪の下でも葉が枯れないということから名前が付いた。花の形は独特。

クサノオウ

(ケシ科・越年草)

茎や葉を切ると、黄色い汁が出てきますが、この汁には毒があります。日当たりのよい草地や道ばたなどに生え、高さは30〜80cmになります。全体に毛があり、白っぽく見えます。葉に切れ込みが多く、花はあざやかな黄色です。

ウマノアシガタ
(キンポウゲ)

(キンポウゲ科・多年草)

根元の葉の形を、「馬の足形」に見立てた名前とされます。花びらに光沢があるため、花は黄金色に輝き、よく目立ちます。葉は深く切れ込み、ふちが浅く裂けます。高さ30〜70cm、日の当たる草地や土手などで見られます。

植物の身の守り方

植物は動けないので、様々な方法で身を守ります。毒やトゲを持ち、動物に食べられないようにしたり、粘液を出して昆虫が登ってくるのを防いだりします。しかし、毒のある草を好んで食べる動物や昆虫もいます。

◀ミカン科のカラタチは、葉が変化した大きなトゲを持つ。泥棒よけに、家の生け垣に使われる。

◀ウマノスズクサには毒があるが、ジャコウアゲハの幼虫はこれを食べ、体に毒を貯めて身を守る。

ミミナグサ (ナデシコ科・越年草)

毛が生えた小さな葉をネズミの耳にたとえ、「耳菜草」の名前が付けられました。高さ15〜30cm、道ばたや畑などに生え、山地にも生えます。茎は紫色がかっているものが多く見られます。花びらの先が2つに割れています。茎やがくなどにも毛が生えています。

◀ミミナグサは元々日本にある在来種だが、オランダミミナグサよりも見る機会は少ない。

オランダミミナグサ
(ナデシコ科・越年草)

ヨーロッパ原産の帰化植物。現在ではミミナグサよりずっと数が多いです。ミミナグサより毛が多く、茎は黄緑色。高さは10〜60cm。畑や道ばたでよく見られます。花びらはミミナグサより深く割れるものが多くあります。花はいくつか集まって付きます。

見分け方

ミミナグサ
茎が暗い紫色。毛は目立たない。花の下の茎が長い。

オランダミミナグサ
茎が黄緑色。毛が多い。花の下の茎は短い。

ノミノフスマ
(ナデシコ科・越年草)

小さな葉を、ノミの寝具、衾(ふすま)に見立てた命名です。田畑の雑草となるほか、荒れ地などに生えます。同じ仲間のハコベとよく似た花が咲きますが、花びらががく片より長いことが違いです。高さは5〜30cmです。

ニワゼキショウ（アヤメ科・多年草）

小さいながらも整った形の花を咲かせます。花の色は紫と白の２種類があり、花びらにすじが入ります。芝生などに混じって生えることが多く、細長い形の葉を芝と混同してしまう場合もあるでしょう。高さは10〜20cmです。

◀白いニワゼキショウ。庭にもよく生えることが名前の由来。

ハコベ（ミドリハコベ）

（ナデシコ科・越年草）

春の七草の1つとして食べられるほか、鳥のえさとしても使われます。畑や道ばたなど身近な場所で見られます。よく枝分かれして伸び、高さは10〜30cmになります。花びらは5枚ですが、深く裂けているため10枚に見えます。

コハコベ（ナデシコ科・越年草）

ミドリハコベとよく似ていますが、葉が少し小さく、茎が紫色がかっている部分で区別できます。また雄しべの数が、ミドリハコベは4〜10個に対し、コハコベは1〜7個と少なめです。帰化植物で、畑などに生えます。

見分け方

ハコベ（ミドリハコベ）
茎は緑色。雄しべの数が多い。

コハコベ
茎は紫色がかる。ミドリハコベより小型。雄しべの数が少ない。

ノビル（ユリ科・多年草）

早春、長さ25〜30cmの細い葉を食用にします。葉の中は空で、ネギのような香りがします。土の中に白くて丸い鱗茎があり、これも食べられます。5〜6月頃には花の茎が伸び、薄紫色の花が咲きますが、むかごだけが付くものも見られます。

▲ノビルの花とむかご。むかごが落ちて芽が出る。

カラスムギ（チャヒキグサ）

（イネ科・1〜越年草）

食べられないので「カラスが食べるムギ」という意味で名付けられました。ヨーロッパ原産で、古い時代に日本に入ってきたとされます。高さは60cm〜1m、畑や野原、道ばたなどで見られます。花の集まり（小穂《しょうすい》）がたくさん下向きにぶら下がっていて、これには長い毛のような「のぎ」があります。

アマドコロ（ユリ科・多年草）

白いつり鐘のような花が並んでつり下がる、可憐な姿です。草地や、明るい雑木林などで見られます。花は1〜2個ずつ組になって付きます。葉はやや幅広く、縦にすじが入ります。茎は角張っています。高さは30〜60cmです。p72のナルコユリと似ています。

チガヤ（イネ科・多年草）

花の集まり（小穂）に長い毛があり、しっぽのようなふわふわとした穂を作ります。川原や土手などに多く見られ、高さは30～80cmになります。葉は細長く、ふちがざらざらします。根茎は漢方薬に使われます。

◀チガヤの葉は、秋冬になると赤くなってきて枯れる。

スズメノテッポウ

（イネ科・1～越年草）

細長い花の穂の形を、鉄砲に見立てて名前が付けられました。田起こし前の水田や草地などに生え、高さは20～40cmほどです。全体にやわらかく、やや白っぽく見えます。花の穂を抜き取った葉は草笛遊びに使われます。

ツクシ誰の子スギナの子

スギナはシダ植物です。シダ植物は花を咲かせず、胞子で増えます。その胞子を出す器官が春に出るツクシで、てっぺんの穂の部分が開くと、中に胞子の袋がたくさん見えます。

▲ツクシ。

▲ツクシの後に出るスギナ。

スギナ（ツクシ）（トクサ科・多年草）
種子植物とは別のグループのシダ植物で、胞子で増えます。高さ30～40cm。葉に見える部分は枝で、本当の葉は退化しています。

花のしかけ

美しい花々は、私たちの目を楽しませてくれますね。しかし、これは花が、子孫を残すために進化してきた姿なのです。花の花粉は、風、水流など様々な方法で運ばれますが、ここでは、花粉が虫に運ばれる花を紹介します。

蜜のありかを知らせる目印

虫は、食料にするための花粉や蜜を求めて、花にやってきます。虫に食べ物のありかがわかるように、花には様々な目印があります。また、においなどで虫を呼び寄せる花もあります。

ハニーガイド

スミレやツツジ、シソの仲間などの花びらにある模様は、蜜のある場所を示しているといわれます。それを「ハニーガイド（蜜標）」と呼びます。

◀カキドオシの花。下の花びらの模様がハニーガイド。

人には見えない印

多くの昆虫は、人間には見えない紫外線を見ることができます。タンポポの花を紫外線写真で見ると、蜜のある場所に模様が見えます。

▶紫外線撮影したタンポポの花。真ん中の黒く見える部分に蜜がある。

においで誘う

虫が好む、よい香りや特徴的なにおいを出す花もあります。マムシグサの花にはキノコのようなにおいがあり、小さなハエが引き寄せられてやってきます。

◀マムシグサの花に寄ってきたハエ。虫によって好むにおいが違う。

海外発━虫そっくりの花

オーストラリアのランの一種、ハンマーオーキッドは、花の一部がツチバチのメスにそっくりです。メスだと思いこんだハチが抱きつくと、勢いではね上がり、花粉のある部分にぶつかり、ハチの背中に花粉が付くのです。

写真の丸囲みがハチに似た形の花の部分。

花粉を付けるあの手この手

虫を呼び寄せたら、次は花粉を確実に虫に運んでもらわなければなりません。花の中には、花粉を虫の体に付けるための、びっくりするような仕組みが備わっています。

飛び出し作戦

エニシダの雄しべは、最初花びらの中に隠れていますが、ハナバチが下の花びらを押し下げ、花粉を集めようとすると、雄しべが花びらから出てきてはね上がり、ハチの背中に花粉をたたきつけます。雄しべが巻き付いてしまうこともあります。

▶背中に雄しべが付いたハナバチの仲間。

糸引き作戦

ツツジの花は、花の奥に蜜があるので、長い口を持つアゲハチョウの仲間が多く訪れます。ツツジの花粉は糸でつながっていて、少し触れただけでするすると出てきます。鱗粉があり花粉が付きにくいチョウの羽でも、運ばれやすくなっています。

◀ツツジの蜜を吸いに来たアゲハ。

虫にピッタリの進化

色々な虫がやってくる花もありますが、同じ仲間の虫ばかりがやってくる花もあります。この場合、花は、仲間に確実に花粉を運んでもらえるし、虫はほかの虫にじゃまされずにえさにありつけます。少しずつ、お互いがピッタリ合う形に進化したのです。

体にピッタリ

マルハナバチの仲間の体は、ツリフネソウの花の大きさにピッタリで、花にすっぽりと入って奥の蜜を吸い、この時背中に雄しべの花粉がこすり付けられます。手前の花びらはちょうどあしを置く場所になります。

▶マルハナバチの仲間が口を伸ばし、ツリフネソウの中に入るところ。口の形と、花の後ろの形がよく似ている。

口にピッタリ

スミレの仲間は、花びらの後ろの部分がとても細長く、この途中に蜜があるため、口の長いビロードツリアブがよくやってきます。長い口を花の奥へ差し込むと、ちょうど雄しべが体に触れ、花粉が運ばれます。

◀長い口を生かし、スミレの奥の蜜を吸うビロードツリアブ。知らない間に花粉が体に付いている。

ヤマルリソウ

(ムラサキ科・多年草)

名前の通り、瑠璃色の愛らしい花が咲きます。花が付いた茎は最初くるりと巻いていますが、花が咲くにつれてまっすぐになります。高さ7〜20cm、花の直径は1cmほどです。山の木陰や、道ばたなどで見られます。全体に白い毛が生えています。葉はやや細長い形です。

◀この瑠璃色のほかに、薄紫や薄ピンク、白い色の花もある。

ジュウニヒトエ (シソ科・多年草)

花が重なって咲く様子を、昔の女性貴族の衣装「十二単」にたとえた名前です。本州と四国に分布し、明るめの林の中や、道ばたなどで見られます。高さは10〜25cmほど。葉や茎、花などに、白くて長い毛がたくさん生えています。

ミヤマキケマン (ケシ科・越年草)

山や野原に生え、高さは20〜45cmになります。黄色く細長い花が茎に並んで付き、葉は細かく切れ込みます。本州の近畿地方より東で見られます。近い仲間で少し小さめのフウロケマンは、本州の中部より西〜九州で見られます。

ジロボウエンゴサク

（ケシ科・多年草）

スミレを「太郎坊」、この草を「次郎坊」と呼び、花を引っかけて引っ張り合う遊びから命名されました。「延胡索」はこの仲間の漢名です。花の後ろが長く突き出た形が特徴的です。花びらは4枚あります。川岸や山に生え、高さ10〜20cm。関東地方以西〜九州で見られます。

ヤマエンゴサク（ヤブエンゴサク）

（ケシ科・多年草）

山の林の中などに生えます。高さ10〜20cm。3つの切れ込みのある葉が3枚で1組になっており、葉の形は細いもの、丸いものなど色々なタイプがあります。この仲間は、土の中に球根（塊茎）があります。

見分け方

ジロボウエンゴサク
花の下に付く葉のようなもの（苞）にギザギザがない。

ヤマエンゴサク
花の下に付く葉のようなもの（苞）にギザギザがある。

イカリソウ（メギ科・多年草）

4枚の花びらの1つ1つを見ると、後ろの部分が長く突き出た形をしています。この特徴ある形を、船のいかりに見立てて名前が付けられました。葉のふちに、トゲのような毛があります。主に太平洋側の山の中で見られます。高さは20〜40cmほどです。

ニリンソウ

(キンポウゲ科・多年草)

1本の茎に2つの花が咲く、というのが名の由来ですが、1個や3個のものもあります。高さ15～25cm、山の林の中などに生えます。地下茎で増えるため、集まって生えているのがよく見られます。白い花びらに見えるものはがく片です。

イチリンソウ

(キンポウゲ科・多年草)

こちらは「一輪草」の名の通り、1本の茎に1つの花が咲きます。ニリンソウと似ていますが、葉の切れ込みが深いことや、花が大きいことなどから見分けられます。高さ20～25cm、山のふもとや、林の中などで見られます。

見分け方

ニリンソウ
茎に付く葉には柄がない。花の大きさは直径約2cm。

イチリンソウ
葉の切れ込みが深い。茎に付く葉に柄がある。花の大きさ約4cm。

アズマイチゲ (ウラベニイチゲ)

(キンポウゲ科・多年草)

早春、落葉樹林の木々が葉を広げる前に、林の下で花を開きます。木々の葉が茂る6月頃には姿を消してしまいます。8～13枚の細長い花びらがあるように見えますが、これはがく片です。茎には輪のようになって葉が付きます。高さは15～20cmほどです。

ヒトリシズカ（ヨシノシズカ）

（センリョウ科・多年草）

花には花びらがなく、白い糸のような雄しべがブラシのように集まって付く、独特の形です。雌しべは緑色です。茎の先に葉が4枚付きます。この姿を、舞い踊る静御前にたとえて名が付きました。高さ20～30cm、山の林の中に生えます。

フタリシズカ

（センリョウ科・多年草）

ヒトリシズカに対し、花の穂が2本付くので「二人静」の名がありますが、実際には3～4本のものもあります。白い粒は雄しべの一部で、雌しべを包むように丸まっています。花びらはありません。高さ30～60cm、林に生えます。

見分け方

ヒトリシズカ
雄しべがブラシのように長い。

フタリシズカ
雄しべが丸まっていて、短く見える。

フクジュソウ

（キンポウゲ科・多年草）

山のやや明るい林の中などで、3～4月頃、黄金色に輝く丸い花を咲かせます。高さ10～25cm、葉は細かく切れ込みます。お正月を祝う花として「福寿草」の名がありますが、お正月に出回るのは促成栽培されたものです。

エビネ（ラン科・多年草）

林の中に生えます。茶色がかったがく片と、白っぽい花びらのコントラストが美しいランの仲間ですが、みだりに採取され、今では見かけることが少なくなってしまいました。色々な花の色、形があります。葉は2～3枚が根元から生え、長さ15～30cmほどです。高さは30～50cmです。

◀頭にエビネの花粉袋を付けたヒゲナガハナバチ。花にもぐって蜜を吸う時に付く。

シュンラン（ホクロ）

（ラン科・多年草）

乾いた林の中などに生える、高さ10～25cmの小さな草です。黄緑色の花ですが、下の1枚の花びらは白く、そこに、特徴的な濃い赤色の斑点があります。これをほくろに見立てたのが別名の由来です。葉は細長い形です。

ランの小さな種子

ランの仲間はほこりのように小さな種子を大量に作ります。あまりに小さいので、種子の中に、発芽に必要な栄養分がありません。種子が地上に落ちると、ラン菌と呼ばれる菌類が入り込み、種子はこの菌の栄養を使って発芽します。

▲種子を風に乗せて飛ばすシラン。

シャガ（アヤメ科・多年草）

林の中などに、たくさん集まって咲く様子がよく見られます。冬でも葉が枯れずに残るため、庭などにも植えられます。高さは30～70cm。薄い紫色の花には、黄色と紫の特徴的な模様があります。果実はできません。中国原産で、古い時代に日本に入ってきたといわれています。

◀シャガの仲間のヒメシャガの花。シャガよりも小ぶり。

キンラン（ラン科・多年草）

雑木林などで見られる、高さ30～70cmのランです。あざやかな黄色の花から、名前が付けられました。花は茎の先に3～12個ほどがまとまって付きます。大きさは直径約1cmと小さめで、ややすぼんだように咲きます。

ギンラン（ラン科・多年草）

花が白いことから、キンランの「金」に対して、銀のランという意味で名付けられました。雑木林の中などに生え、高さは10～30cmほどと、キンランより少し小型です。花は、キンランよりもさらにすぼんだように咲きます。

ショウジョウバカマ

(ユリ科・多年草)

山や林の湿ったところに生えます。葉は地面近くに広がり、高さ10〜30cmほどの花の茎を伸ばします。花は雌しべが先に熟し、花びらが開くと今度は雄しべが熟して、自家受粉をさけています。古い葉の先から小さな芽を出します。

チゴユリ

(ユリ科・多年草)

高さ20〜35cm、うつむいて咲く白い花がかわいらしい、小さなユリの仲間です。この姿を、お祭りの稚児行列の稚児になぞらえたのが、名前の由来とされます。山の林の中などで見られます。黒い果実ができます。

ホウチャクソウ

(ユリ科・多年草)

宝鐸（ほうちゃく）とは、お寺の軒先などにつり下げられる大きな鈴のことで、花の形から名付けられました。その名の通り、細長い鈴のような花が1〜2個つり下がって咲きます。花の先は緑がかっています。林の中に生え、高さは30〜60cmです。

エンレイソウ

(ユリ科・多年草)

3枚の大きな葉が輪になって付き、その真ん中に赤茶色の花が咲く、おもしろい形です。高さは20〜40cm。林の中の湿ったところで見られます。ユリの仲間の葉は普通、葉脈が平行ですが、この草は例外で網目状です。

スプリング・エフェメラル

落葉樹の林の中で、早春、まだ木々が葉を広げる前に、日光を浴びて花開く草があります。木の葉が茂る頃には姿を消し、地下部分だけが残ります。そのため「春のはかない命」という意味で、こう呼ばれるのです。「春植物」とも呼びます。

▲春のまだ雪が残る頃、カタクリやフクジュソウがよく群生している。

カタクリ（ユリ科・多年草）

代表的な「春植物」です。反り返った花と､黒っぽい模様の入った葉が特徴的です。高さは20～30cmです。昔はカタクリの球根（鱗茎）から片栗粉が作られましたが、現在では主にジャガイモのでん粉などから作られます。

ウラシマソウ（サトイモ科・多年草）

濃い紫の、壷のような筒の中から、長いヒモのようなものが伸びる、異様な姿です。この紫色の筒は「仏炎苞（ぶつえんほう）」で、中に小さな花が棒のように集まって付きます。山の日陰などに生え、高さ40～50cmほどになります。

マムシグサ（テンナンショウ）

（サトイモ科・多年草）

湿った林の中に生えます。茎に見える部分は葉のさやで、ここにマムシのようなまだら模様があることから名付けられました。仏炎苞は緑～薄い紫色で、この中に棒のような花の集まりがあります｡赤い果実ができます。

見分け方

ウラシマソウ
長いヒモのようなものが出る。

マムシグサ
ヒモのようなものは出ない。

サクラソウ

(サクラソウ科・多年草)

花の形がサクラに似ているというのが名前の由来です。川岸や、山の湿ったところなどに生えますが、自生地は少なくなってきています。一方、江戸時代から栽培も盛んで、数百もの園芸品種が作られました。高さは15～40cmです。

タネツケバナ

(アブラナ科・越年草)

水田のあぜなどに多い草ですが、乾燥地にも生えます。稲の種もみを水につける時期に、花を咲かせるため、この名が付いたといわれます。高さは20～30cm、茎に、細長い果実と、3～17枚ほどの小葉に分かれた葉が付きます。

キツネノボタン

(キンポウゲ科・多年草)

葉の形が、ボタンの葉に似ていることが名前の由来です。高さ30～60cm、葉は3枚に分かれ、その1枚1枚がさらに切れ込んでいます。よく似たケキツネノボタンは、全体に毛が多く、葉の切れ込みが深いのが特徴です。

オランダガラシ (クレソン)

(アブラナ科・多年草)

ステーキなどの付け合わせなどでおなじみの野菜です。ヨーロッパ原産ですが、繁殖力が強く、野生化して清流の中などに集まって生えているのが見られます。高さは30～50cmほど。葉は3～11枚の小葉に分かれ、果実は細長い形です。

ハマエンドウ

（マメ科・多年草）

海岸に生えるエンドウに似た草、というのが名の由来です。砂浜や海岸の草原で、地面をはうように広がり、長さ2.5～3cmの大きな花が咲きます。大きな花びら1枚が濃い色をしています。葉など全体が、粉を吹いたように白色をおびています。

◀野菜のエンドウとよく似ているハマエンドウのさや。長さは5cmほど。

ハマダイコン

（アブラナ科・越年草）

食用のダイコンが野生化したものといわれます。ダイコンは地中海沿岸～中近東の原産とされ、古い時代に日本に入ってきました。ハマダイコンの根はあまり太くありません。砂浜に生え、高さ30～70cm。果実は数珠のようにくびれます。

◀さやは、くびれのところでバラバラになる。根は食べられる。

ソメイヨシノ（バラ科・落葉樹）

お花見の時期、全国各地の公園などで淡いピンクの花を枝一杯に咲かせ、日本の春を彩ります。我が国で最も一般的なサクラで、高さ10～15m。2種類のサクラの雑種で、園芸種のため野生は見られません。葉が出るより先に花が咲きます。

オオシマザクラ

（バラ科・落葉樹）

公園や道路沿いなどによく植えられる、花の色が白いサクラです。伊豆諸島や関東地方南部には野生で生えています。あざやかな緑色の葉と、よい香りの花が同時に見られます。高さは約15m。

見分け方

ソメイヨシノ
葉より先に花が咲く。花の色が淡いピンク色。

オオシマザクラ
葉と花が同時に見られる。花は白く香りがある。

アセビ（ツツジ科・常緑樹）

春早く、小さな壺のような花を下向きにたくさん咲かせます。全体に毒があり、馬が中毒してしまう木ということで、漢字では「馬酔木」と書きます。山のやや乾燥したところに生えるほか、庭などにも植えられます。高さは2～9m。

ニセアカシア（ハリエンジュ）

（マメ科・落葉樹）

北アメリカ原産で、街路樹などによく使われます。5～6月頃、白くて甘い香りのする花が集まって咲きます。花の蜜は蜂蜜として利用されます。葉は6～18枚の小葉に分かれ、葉の付け根にはトゲがあります。高さ15mほどになる高木です。

コブシ（ヤマモクレン）（モクレン科・落葉樹）

春早く、まだ葉が出ていない枝に、よい香りの白い花を咲かせます。林の中などに生え、庭や公園などにもよく植えられています。花びらは6枚で、花の下に葉が１枚付くのが特徴です。高さは5〜18mになります。

ハクモクレン（モクレン科・落葉樹）

中国原産で、庭木や街路樹などによく使われます。白い花がコブシと似ていますが、花びらと、花びらに似たがくが合わせて9枚あることや、花の下に葉がないことで見分けられます。高さは大きいもので約15mになります。

見分け方

コブシ
花びらは6枚。花の下に葉が1枚付く。

ハクモクレン
花びらとがくが同形で9枚。花の下の葉がない。

シモクレン（モクレン）（モクレン科・落葉樹）

中国原産で、よく庭などに植えられる、高さ3〜5mほどの木です。花が暗い紫色なので、「紫木蘭」の名があります。花は上向きに咲き、半分ほどしか開きません。花びらは6枚です。

磁石の木

コブシやモクレン類の大きなつぼみをよく見ると、先端が北の方向を向いています。よく日光が当たるつぼみの南側が、北側より早く生長するからです。まるで方位磁石のようなので、コンパスプラント（磁石植物）と呼ばれます。

▲同じ方向を向くモクレンのつぼみ。

ヤマツツジ（ツツジ科・半落葉樹）

山でよく見られるツツジの仲間です。花の大きさは直径4〜5cmほどで、色は朱色、赤、赤紫など様々です。葉は薄めで､両面に毛が生えています。夏〜秋に出る葉は小さく、冬まで枝に残っています。高さ1〜4mほどの低木です。

◀庭にもよく植えられ、色々な園芸品種がある。

ドウダンツツジ（ツツジ科・落葉樹）

春に、小さな壺のような形の白い花がたくさん、下向きにぶら下がります。あざやかな紅葉、赤い冬芽など、季節ごとにその姿を楽しめるため、庭などによく植えられますが、山の中にも自生します。高さ1〜3mの低木です。

ミズキ（ミズキ科・落葉樹）

春早く、枝を折ると樹液がしたたり落ちてくるということから「水木」の名があります。山などに生え、高さは10〜20mになります。5〜6月頃、小さな白い花が枝先に集まって咲きます。葉はやや幅広く、葉脈がはっきりしています。

ウグイスカグラ（スイカズラ科・落葉樹）

春に、小さなピンク色の花が下向きに咲きます。ラッパのような形で、先端は星形に見えます。6月頃、赤い楕円形の果実がぶら下がるように付きます。果実は食べられます。高さ1.5〜3mほどの低木で、山の中などに生えます。

◀透明感のあるウグイスカグラの実は、見た目もかわいく味もおいしい。

ハナイカダ（ママッコ，ヨメノナミダ）（ミズキ科・落葉樹）

葉の真ん中に花や果実が付くという、ユニークな植物です。この姿を筏になぞらえたのが名前の由来です。雄株と雌株があり、雄株には雄花が数個集まって咲き、雌株には雌花が1つずつ咲きます。山などに生える、高さ1〜2mの低木です。若葉は食べられます。

◀秋に黒く熟す実は、食べられる。実から連想した別名が「嫁の涙」。

フジ（ノダフジ）（マメ科・落葉樹）

山などに生えるつる性の木ですが、庭や公園などでも「藤棚」に仕立てられよく栽培されています。つるの巻き方は上から見ると時計回りです。花はたくさん集まってたれ下がるように咲き、この花の色から「藤色」という言葉が生まれました。

見分け方

フジ
つるが、上から見ると時計回りに巻き付く。

ヤマフジ
つるが、上から見ると反時計回りに巻き付く。

ヤマフジ（マメ科・落葉樹）

山に生えるフジの仲間です。フジと同じつる性ですが、つるの巻き方はフジとは逆で、上から見ると反時計回りになっています。葉は少し厚めで、毛が生えています。中部地方より、西の地域に生えます。

キブシ（キブシ科・落葉樹）

早春、葉が出る前の枝に、小さな鈴のような薄黄色の花が、たくさん連なってぶら下がっているのが見られます。山に生える3～7mくらいの木で、よく枝分かれします。雄株と雌株があり、雄花は雌花よりやや大きいです。

ユズリハ（トウダイグサ科・常緑樹）

若い葉が出てから古い葉が落ちる様子を、子孫に後を譲ることにたとえ、お正月の飾りに使われます。葉の柄は赤みがかることが多いようです。花は目立ちません。高さ4～10m、本州（福島県以西）～沖縄の山に生えるほか、庭などにも植えられます。

ヤマザクラ（バラ科・落葉樹）

山の中などでよく見られるサクラで、我が国では昔から親しまれています。若葉が出るのと同時に、薄いピンク色の花が咲きます。若葉の色は、茶色がかったものがよく見られますが、赤や緑色など様々です。高さは15～25mほどです。

ヤマブキ（バラ科・落葉樹）

あざやかな黄色の、大きな花が咲き、この色を「山吹色」とも呼びます。山の中の小川沿いなどに生えるほか、庭や公園などにも植えられます。高さ1～2mの低木で、地下茎を伸ばして広がります。葉には二重のギザギザがあります。

虫の食草

虫の中には、ある決まった植物だけを食べるものがいます。チョウやガの幼虫に多く、その決まった植物を食草と呼びます。街路樹や花壇の花などを食草にして増える虫がいる一方、食草の数が減って、絶滅が心配されている虫もいます。

◀カンアオイの葉を食べるギフチョウの幼虫。ギフチョウの数が減っている理由の1つに、食草の減少がある。

▲クスノキの葉を食べるアオスジアゲハの幼虫。街でもよく見られるチョウである。

▲キャベツの葉を食べるモンシロチョウの幼虫。農作物を食べるので、害虫とみなされる。

アケビ（アケビ科・落葉樹）

山などに生えるつる性の木です。葉は5枚に分かれます。4〜5月頃、淡い紫色の花が咲きます。雄花と雌花が同じ木に付き、雌花は雄花より少し大きめです。秋にできる果実は、中の白い果肉が甘く美味です。若葉も食べられます。

◀甘い果肉の中には細かくて黒い種子が入っていて、食べる時は少し苦労する。

ミツバアケビ
（アケビ科・落葉樹）

山などで見られるアケビの仲間です。名前の通り葉が3枚に分かれていて、葉のふちに大きなギザギザがあります。花の色は濃い紫色です。アケビの仲間のつるはものを縛ったりカゴを編んだりと、様々に利用されてきました。

見分け方

アケビ
小葉が5枚。葉のふちにはギザギザがない。

ミツバアケビ
小葉が3枚。葉のふちにギザギザがある。

マンサク（マンサク科・落葉樹）

まだ寒い早春の山で、黄色い花を枝一杯に咲かせます。春一番に咲くという意味の「まず咲く」に由来する名だといわれます。花びらが糸のように細長い、おもしろい形の花です。葉は丸みがあり、ふちの上の方に波型のギザギザがあります。高さは5〜6mになり、庭などにも植えられます。

クロモジ（クスノキ科・落葉樹）

葉などから、よい香りのする油が採れます。また、幹が和菓子用の高級爪楊枝の材料に使われます。花は黄緑色で小さく、若葉が出るのと同じ頃咲きます。枝には黒い斑点が多く見られます。山などに生える、高さ2〜6mの低木です。

ダンコウバイ（クスノキ科・落葉樹）

まだ葉が出ていない枝に、小さな黄色い花が、塊のように集まってたくさん付きます。花はよい香りで、葉は先が3つに分かれています。暖地の山に生える高さ3〜7mの木で、雄株と雌株があります。

▶秋に黄葉したダンコウバイの葉。

カツラ（カツラ科・落葉樹）

丸い葉が枝に向かい合って付きます。春の花は小さく目立ちません。秋には黄色くなった葉から、甘く香ばしい香りがただよいます。川沿いなどに生えるほか、公園などにも植えられ、高さは大きなもので30mほどになることもあります。

▲青葉もきれいだが、秋の黄葉した葉もまた趣がある。

ホオノキ（ホオガシワ）

（モクレン科・落葉樹）

葉がとても大きく、長さが20〜40cmもあります。この葉は昔、食べ物をのせたり包んだりするのに使われました。花も直径15cmほどと大きく、甘い香りがします。高さは20〜30m、山に生えるほか、公園などにも植えられます。

◀果実は熟すと、中から糸にぶら下がった赤い種子が出てくる。

イヌシデ（ソロ）（カバノキ科・落葉樹）

春、枝から毛虫のようなものがぶら下がりますが、これは雄花の集まりで、雌花は枝先に付きます。四手（しで）とは、しめ縄などに付ける紙の飾りのことで、果実の穂がこの形に似ていることが、シデの仲間の名の由来です。高さ約20m、山に生えます。

見分け方

イヌシデ
若い枝や葉に毛が多い。秋には黄葉する。

アカシデ
若葉が赤い。秋には紅葉する。

アカシデ（シデノキ, ソロノキ, コソネ）

（カバノキ科・落葉樹）

イヌシデと同じ仲間ですが、若葉が赤く、雄花の穂も茶色がかっているため、春には木全体が赤っぽく見えます。葉は先が細くとがっていて、ふちに二重のギザギザがあります。幹に縦のすじがあるのは、イヌシデと共通の特徴です。高さ15mほどで山などに生えます。

ハルニレ（ニレ科・落葉樹）

春に花を咲かせるニレの仲間です。小さな花が集まって、まだ葉の出ていない枝に付きますが、あまり目立ちません。葉のもとの部分は左右の幅が違うゆがんだ形で、二重のギザギザがあります。高さ約30m、北国の山に多く、公園などにも植えられます。

ヒノキ（ヒノキ科・常緑樹）

木目が美しく、香りがよいので、高級な建築材として昔から利用されています。幹はまっすぐ上に伸びます。小さな葉が鱗のように連なって付きます。花は目立ちません。高さ20〜30mで、植林されたものが多く見られます。

スギ（スギ科・常緑樹）

建築材として、日本で最も多く植林されている木ですが、野生でも生えます。寿命が長いことでも知られています。葉は曲がった針のような形で、球果はトゲトゲのボール状です。高さは30〜65mくらいで、幹がまっすぐ伸びるのが特徴です。

花粉症の原因になる植物

春になると、スギ花粉症に悩まされる方も多いことでしょう。花粉症の原因となる植物はスギのほかにもヒノキ、イネ科植物、キク科の植物など多数あり、それぞれ花粉の飛ぶ時期も違います。

・春に花粉が飛ぶ植物
主に樹木（スギ、ヒノキ、ケヤキなど）

・夏に花粉が飛ぶ植物
主にイネ科（カモガヤ、スズメノテッポウなど）

・秋に花粉が飛ぶ植物
主にキク科（ブタクサ、オオブタクサ、ヨモギなど）

ユキヤナギ（コゴメバナ）

（バラ科・落葉樹）

白い花が枝にびっしり咲く様子が積もった雪のようなので、この名があります。別名は小さな花を米粒にたとえたものです。ヤナギの仲間ではありません。川沿いの岩場などに生えるほか、庭などに植えられます。高さ1〜2mの低木です。

ネコヤナギ（エノコロヤナギ）

（ヤナギ科・落葉樹）

野や山の水辺などに生える、高さ50cm〜3mの低木です。早春、葉が出る前に、白くフワフワした花穂を付けます。これを猫のしっぽにたとえて名付けられました。庭木や花材としても使われます。雄株と雌株があります。

トベラ（トベラノキ，トビラノキ）

（トベラ科・常緑樹）

暖かい地域の海岸に多い、高さ2〜3mほどの低木です。葉は先が丸く、枝の上に集まって付き、ふちが少し裏側に巻いているのが特徴です。春に咲く花はよい香りで、咲き始めは白く、だんだん黄色に変わります。公園などにも植えられます。

シャリンバイ（バラ科・常緑樹）

春、花びら5枚の、白いウメのような花が咲きます。葉は厚くつやがあり、ふちには浅いギザギザがあります。秋にできる果実は黒紫色で、丸い形です。高さは2〜6mほどで、暖かい地域の海岸に生えるほか、公園などにも植えられます。

夏

ヒメジョオン

(キク科・1～越年草)

日本中で見られる帰化植物で、高さは30cm～1.5m。街中や田畑のそば、山の中にも生えます。よく似たハルジオンとは、茎を切ると見分けられます。ハルジオンの茎は中が空ですが、ヒメジョオンは中が詰まっています。

◀ヒメジョオンの茎は中が詰まっていることでp8のハルジオンと見分けられる。

コウゾリナ (カミソリナ)

(キク科・越年草)

コウゾリとはカミソリのことです。葉や茎に赤茶色のかたい毛がびっしり生え、手でさわるとざらざらして痛いことから、この名前が付きました。茎の途中に付く葉が、茎を抱き込んでいます。高さは30cm～1m、道ばたや草地などに生えます。

ブタナ

(キク科・多年草)

花はタンポポに似ていますが、茎が細く、高さ50cm以上にもなり、途中で枝分かれしているのが違いです。ヨーロッパ原産の帰化植物で、フランス語では「ブタのサラダ」と呼ばれています。道ばたや空き地などで見られます。

ヘクソカズラ
（サオトメカズラ，ヤイトバナ）

（アカネ科・多年草）

葉や花、果実をもむといやなにおいがすることから、名前に「屁、糞」と付けられてしまいましたが、花はかわいらしく、小さいながら、白と赤のコントラストが目立ちます。日当たりのよい草地や土手などで見られる、つる性の草です。

◀果実は、しもやけ、あかぎれなどの薬として使われていた。

キキョウ

（キキョウ科・多年草）

秋の七草の「朝顔」は、このキキョウだといわれます。やや乾いた草地に生え、本来はススキ野原に多い草ですが、今では野生のキキョウはあまり見られません。高さは50cm～1m、花は濃い紫色で、先が5つに分かれたつり鐘形です。

アメリカオニアザミ

（キク科・1～2年草）

ヨーロッパ原産の帰化植物で、草地や道ばたなどに生えます。高さ1mほどの背の高い草で、茎には翼（よく）というひれのようなものが付き、そこに鋭いトゲがたくさん生えます。葉の先も鋭くとがり、「オニ」の名にふさわしい姿です。

オオバコ（オオバコ科・多年草）

高さ10～20cmほどの花の茎に、長い穂が付きます。種子がぬれるとベタベタして、靴の裏などに付いて運ばれるため、道ばたなど、人に踏まれるようなところによく生えます。葉の中を通る管も丈夫で、踏まれても簡単にはちぎれません。

ヘラオオバコ（オオバコ科・1年草）

ヨーロッパ原産の帰化植物で、道ばたや空き地などでよく見られます。葉がへらのような形をしていることが名の由来です。花の茎は高さ20～50cmくらいになり、花の穂はオオバコよりも短く、白い雄しべが突き出て目立ちます。

◀イヌホオズキの果実。同じナス科のトマトとよく似た果実だが有毒なので別名「バカナス」。

イヌホオズキ（バカナス）

（ナス科・1年草）

「役に立たないホオズキ」という意味で名付けられたといわれます。白く小さな花は、花びらが星のように5つに裂け、後ろに反り返ります。直径1cmほどの丸くて黒い果実ができます。道ばたなどに生える高さ30～60cmの草です。

ヒルガオ（ヒルガオ科・多年草）

空き地や畑の近くなどに生える、つる性の草です。ピンク色の小さなアサガオのような花は、昼間も開いています。普通は種子ができず、地下茎で増えます。よく似たコヒルガオは、花の柄にひれ（翼）がありますが、ヒルガオにはありません。

ウツボグサ（カコソウ）

（シソ科・多年草）

紫色の花がたくさん集まった花の穂が、矢を入れる「うつぼ」に似ているというのが名前の由来です。花が終わると地をはう茎が伸びて、その先に芽を出します。高さ10～30cm、草原などに生え、昔から薬として使われていました。

よじ登り方色々

つる植物は、まっすぐ立てないので、つるになった茎で何かに巻き付いたり、葉が変化した巻きひげでつかまったりしながら伸びます。吸盤で木や壁に張り付いたり、葉の柄を巻きひげ代わりにするものもあります。

◀ヒルガオは、つる状になっている茎の先でよじ登る。

◀アレチウリは、細かく巻いたバネのような巻きひげでよじ登る。

◀ツタは、巻きひげの先が吸盤になっていて、これで張り付いてよじ登る。

ガガイモ

(ガガイモ科・多年草)

空き地や道ばたなどに生えるつる性の草で、草むらやフェンスを覆うように茂ります。花は薄紫色ですが、内側にびっしりと毛が生え、白っぽく見えます。茎をちぎると、白い汁が出てきます。長い袋のような果実ができます。

▲中の種子には長い毛がある。

◀果実の中にはたくさんの種子が入っている。

オカトラノオ (サクラソウ科・多年草)

白く小さな花が茎の先にたくさん集まって付き、しっぽのように見えます。この姿を、虎の尾に見立てたのが名前の由来です。日当たりのよい草原などに生え、高さは30〜40cm。葉は長い楕円形で、先がとがっています。

チドメグサ (セリ科・多年草)

「血止草」の名の通り、この葉を傷口に貼ると、止血剤になります。道ばたや庭のすみに生え、茎は地面に張り付くように伸びます。葉は丸く、切れ込みとギザギザがあります。花は緑色で小さく、10数個が集まって咲きます。

メマツヨイグサ

（アカバナ科・越年草）

マツヨイグサの仲間は夜に咲くので「宵を待つ草」という意味で名付けられました。その中で最も多いのがこの草です。高さ50cm〜1.5m。北アメリカ原産で、道ばたや空き地などに生えます。花はオオマツヨイグサより小さめです。

見分け方

オオマツヨイグサ
花の直径は7〜8cm。
つぼみが赤っぽい。

メマツヨイグサ
花の直径は2〜3cm。
つぼみは緑色。

マツヨイグサ（アカバナ科・2年草）

南アメリカ原産です。江戸時代の終わりに観賞用として、一番初めに日本に入ってきたマツヨイグサの仲間です。高さは30cm〜1m、花の直径は3〜5cmです。花はしぼむと赤くなり、葉がほかのマツヨイグサに比べて細長く毛が多いので見分けられます。

オオマツヨイグサ（ツキミソウ）

（アカバナ科・越年草）

直径8cm近くある、大きな黄色い花を咲かせます。別名はツキミソウですが、この名前は本来、白い花を咲かせる別の植物を指します。北アメリカ原産の帰化植物で、高さ50cm〜1m。川原や海辺などに生えます。

オトギリソウ

(オトギリソウ科・多年草)

葉や花などに黒い斑点があります。この草が鷹の傷薬になるという秘密をもらした弟を鷹匠が斬り殺し、血が葉や花に飛び散って黒点として残った…という伝説が名の由来で、実際に傷薬として使われます。高さ30〜60cm、明るい草原などに生えます。

アメリカフウロ

(フウロソウ科・1年草)

花びら5枚の花が咲き、細長い果実を付ける姿は、同じ仲間のゲンノショウコに少し似ていますが、葉は深く切れ込み細かく裂けます。北アメリカ原産の帰化植物で、空き地や道ばたなどで見られます。茎は枝分かれし、高さ40cmほどになります。

ヤブカラシ (ビンボウカズラ)

(ブドウ科・多年草)

5枚に分かれた葉を付け、ほかの植物を覆うように伸びるつる性の草です。やぶを枯らすほどの勢いで生い茂るということで名付けられました。地下茎で増え、直径5mmほどの小さな花が集まって咲きます。畑や荒れ地などに生えます。

▲黒くてつやのある果実を付ける。

カタバミ（カタバミ科・多年草）

高さ10〜30cm、庭や道ばたなどで見られる身近な草です。ハート形の小葉は、暗くなると閉じます。果実は熟すとはじけ、指でつまむと、ぷちぷちと種子を飛ばします。全体にシュウ酸を含んでいるため、かむと酸っぱい味がします。

▶果実はよく見ると五角形。熟すと縦に5つに割れて種子が出る。

見分け方

カタバミ	ムラサキカタバミ
花が黄色。 小葉は幅0.5〜2.5cm。	花が紫色で中心は緑色。 小葉は幅2〜4.5cmと大きい。

ムラサキカタバミ
（カタバミ科・多年草）

南アメリカ原産のカタバミの仲間。高さ10〜30cm、花はピンクがかった紫色で、中心は緑色をしています。種子はできず、地下の鱗茎で増えます。よく似たものに、花の中心が濃い紫色のイモカタバミがあります。

クサフジ

（マメ科・多年草）

日当たりのよい草原や林のふちなどに生える、つる性の草です。青紫色の小さな花がたくさん集まって付きます。葉は18〜24枚もの細長い小葉に分かれています。よく似たツルフジバカマは、小葉が10〜16枚で、形も少し丸みがあります。

クズ（マメ科・多年草）

手入れされていない林のふちなどで、木々を覆いつくすように伸び広がるつる植物です。人里の土手や線路沿いなどでもよく見られます。葉は大きく、3枚の小葉に分かれます。紫色の花からはよい香りがします。根からは葛粉がとれます。

◀クズの果実はマメ形で、さやには毛がたくさん生えている。

タケニグサ（チャンパギク）

（ケシ科・多年草）

荒れ地や道ばたなどに生え、高さ2m近くにもなる巨大な草です。花には花びらがなく、白い雄しべが目立ちます。茎の中が空でタケに似ていることが名前の由来とされます。茎を折ると出てくる黄色い汁には毒があります。

ヨウシュヤマゴボウ（アメリカヤマゴボウ）

（ヤマゴボウ科・多年草）

根が太く、一見根菜のようですが、全体に毒があり、食べられません。空き地や道ばたに生える高さ1〜2mの帰化植物です。茎は赤く、白い小さな花が咲きます。果実をつぶすと赤紫色の汁が出てくるため、英語ではインクベリーと呼ばれます。

▲花が付いている柄は白い。果実ができる頃になると、柄も紫になる。

▼果実は入れ物のふたのように上半分がとれて、中から種子が出てくる。

スベリヒユ（スベリヒユ科・1年草）

茎や厚い葉の中に水分を貯めているので、乾燥に強い草で、日光の照りつけるような場所に生えます。茎は赤紫色がかり、地面をはうように伸びて広がります。葉はへらのような形で、つやがあります。直径6〜8mmの小さな花が咲きます。

スイバ（タデ科・多年草）

葉や茎をかじると酸っぱいことから「酸い葉」の名が付けられました。高さは30cm〜1mで、田のあぜや草地などで見られます。花の付き方はギシギシと似ていますが、スイバは花が茶色がかり、葉の付け根が矢じりのような形をしています。雌株と雄株があります。

ドクダミ（ドクダミ科・多年草）

裏庭などの半日陰にたくさん集まって生え広がります。葉や茎などに独特のにおいがあります。白い花びらのようなものは総苞で、真ん中の黄色く突き出た部分が小さな花の集まりです。色々な薬効があり、昔から薬草として重宝されました。高さは30〜50cmほど。

ギシギシ（タデ科・多年草）

川原など湿ったところに多い草で、高さは60cm〜1mになります。葉は長く、ふちが波打っています。茎の上の方に、小さな黄緑色の花がびっしりと集まって付きます。若い葉はゆでて食べることができます。

酸っぱい草

スイバやギシギシ、カタバミなどにはシュウ酸という成分が含まれ、かじると酸っぱく感じます。またこのような植物の葉で、黒くなった10円玉をこすると、シュウ酸の働きできれいになります。このシュウ酸は、ホウレンソウなどの「あく」と同じもので、たくさん取りすぎると結石の原因になります。

ネジバナ（モジズリ）

（ラン科・多年草）

花が、茎にねじれながら並んで付くので、この名があります。草原や芝生の中などに生え、高さは10〜30cmになります。花は小さいながら、よく見るとカトレアの花に似ていて、ランの仲間と納得できます。

◀花のアップ。ねじれて付くことで、茎のバランスをとっていると考えられている。

キツネノカミソリ

（ヒガンバナ科・多年草）

細長い葉をカミソリにたとえて名付けられました。雑木林などで見られます。早春に地面から葉が出て、夏には枯れてしまいます。その後、花の茎が伸びてきて高さ30〜50cmほどになり、オレンジ色の花が咲きます。全体に毒があります。

ツユクサ

（ツユクサ科・1年草）

道ばたや草地などで普通に見られ、高さは30〜50cmほどになります。花びらを指でもむと指が青くなりますが、この花の汁は昔、布を染める際の下書きに用いられました。虫が花粉を運びますが、自家受粉できる仕組みも持っています。

オニユリ

(ユリ科・多年草)

田のあぜなど人里近くで見られ、高さは40cm〜80cmになります。オレンジ色の花びらはくるりと後ろに反り返り、たくさんの斑点があります。葉の付け根に黒いむかごを付けますが、これは日本のユリの中ではオニユリだけに見られる特徴です。

◀花は下向きに咲くものが多い。オレンジ色の花粉が手や服に付くとなかなか落ちない。

ヤブカンゾウ

(ユリ科・多年草)

道ばたや林のふちなど、人里近くで見られます。高さ50cm〜1mの花の茎に、オレンジ色の花を咲かせますが、ノカンゾウと違い、雄しべが花びらのような形に変わり、八重咲きになっています。葉はノカンゾウよりも幅が広めです。

見分け方

ノカンゾウ
花が一重咲き。

ヤブカンゾウ
花が八重咲き。

ノカンゾウ

(ユリ科・多年草)

田のあぜや池のふちなどに生えます。花の茎は高さ50〜1mになり、先がY字形に枝分かれし、オレンジ色の花が咲きます。ユリの仲間は花びらとがくが同じ形で、両方を合わせて花被(かひ)といいます。ユリの仲間の多くは、花被が6枚です。

コバンソウ

（イネ科・1年草）

道ばたや荒れ地、海岸などで見られますが、元々はヨーロッパから観賞用に輸入されました。ドライフラワーなどにも使われます。小さな花の集まりである小穂は、まるで小判がたくさんぶら下がっているように見えます。高さは30〜60cmくらいです。

オヒシバ（チカラグサ）

（イネ科・1年草）

道ばたや草地などの日当たりのよいところでよく見られます。高さ30〜60cmになる茎の先に、ほうきのように花の枝が数本付き、そこに、小穂と呼ばれる、小さな花の集まりが2列に並んでいます。メヒシバより太くたくましい印象です。

メヒシバ（イネ科・1年草）

道ばたや空き地などに生え、畑ではやっかいな雑草となります。高さは30〜90cmほどで、茎の下の部分は地をはって伸びます。ほうきのような形はオヒシバより全体に細く、やわらかい感じがします。

見分け方

オヒシバ	メヒシバ
茎が平たい。花の付いているほうきのような部分が太い。	茎が丸い。花の付いているほうきのような部分が細い。

ホタルブクロ
（キキョウ科・多年草）

袋のような長い花が、下向きにぶら下がって咲き、この花にホタルを入れて遊んだのが名前の由来、という説があります。草むらや崖などで見られる、高さ40〜80cmの草です。花の色は白から薄い紫色で、濃い色の斑点があります。

ヤブレガサ（キク科・多年草）

名前の由来は、若い芽を見れば一目瞭然。深く切れ込んだ葉が、破れた傘をすぼめたように見えます。生長すると、高さ50cm〜1mの花の茎を伸ばし、小さな白い花が集まった頭花をいくつか付けます。林の中などに生えます。

▶ヤブレガサの若芽。

ヒヨドリジョウゴ
（ナス科・多年草）

山や野に生えるつる性の草で、葉の柄で何かにからみ付きながら伸びます。全体に毛が多く生えます。直径1cmほどの小さな白い花は、花びらが後ろに反り返り、黄色い雄しべが目立ちます。真っ赤な果実には毒があるので注意しましょう。

▶つやのある、きれいな赤い実だが、毒があるので注意。

イチヤクソウ

(イチヤクソウ科・多年草)

薬として使われるため「一薬草」の名があります。林の中に生え、丸い葉が根ぎわに集まって付きます。この葉は冬も枯れずに残ります。高さ20cmほどの茎に、直径約1.3cmの白い花がいくつか、下向きにうつむくように付きます。

ギンリョウソウ (ユウレイタケ)

(イチヤクソウ科・腐生植物)

草全体が真っ白で、葉緑素を持たないため、自分で栄養を作れず、菌類が吸収した栄養をもらって生きています。高さは約20cm、山の林のやや湿ったところに生えます。花はうなだれたように咲き、別名の「幽霊」のイメージそのものです。

居候生活をする植物

植物は普通光合成をして、自分が生長するための栄養分を作っています。ところが、自分で栄養を作れず、よそから栄養をもらって生きている植物もあります。

▲寄生したヤドリギの芽。ヤドリギは自分で光合成をし、ほかの木からも栄養をもらう半寄生植物。

▲ネナシカズラ。ほかの植物に根を下ろし、栄養を吸い取っている寄生植物。

▲ショウキラン。菌類から栄養をもらって生きている菌従属栄養植物。

ミツバ（ミツバゼリ）

（セリ科・多年草）

野菜として栽培され、束になって売られているミツバですが、日本に野生でも生えています。林の中などの湿ったところで見られます。高さ30〜80cm、葉は3枚に分かれ、ふちにギザギザがあります。白く小さな花がまばらに付きます。

ウド

（ウコギ科・多年草）

春の若い芽はおいしい山菜です。山や野に生え、高さは1〜1.5m。茎は太く、5〜7枚の小葉が羽のように並んで付きます。小さな白い花がボール形に集まって咲きます。お店で売られている白いウドは、土をかぶせて栽培されたものです。

食べられる野草

野山には、山菜として私たちの舌を楽しませてくれる植物がたくさんあります。一方、毒を持つ植物も多いので、山菜をとる場合は必ず詳しい人の指導を受け、知らない植物を口にするのは絶対にやめましょう。

◀ヨモギ。若い葉を餅に混ぜたり、天ぷらなどにする。

▲アシタバ。新芽は和え物などにして食べられる。

◀アケビ類。果肉、果皮、つるの新芽が食べられる。写真は新芽。

◀ノビル。春が旬で球根が美味。葉はネギのように使える。

ヤマオダマキ

(キンポウゲ科・多年草)

5枚の花びらの付け根がそれぞれ細長く伸びた、独特の形です。花びらの色は薄い黄色で、外側のがく片は、紫のものと、薄い黄色のものがあります。小葉には切れ込みがあります。高さ30〜60cm、山の草原や林のふちなどに生えます。

ダイコンソウ

(バラ科・多年草)

根元に付く葉が羽のような小葉に分かれ、大根の葉に似ているとして名付けられました。全体に、やわらかい毛がたくさん生えています。高さ25〜60cm、林のふちなどに生えます。花びら5枚の黄色い花には雄しべと雌しべがたくさんあります。果実は丸く集まり、トゲトゲに見えます。

▲果実のトゲはかぎ形になっていて、くっつく。

キンミズヒキ

(バラ科・多年草)

山道沿いの林のふちなどで見られます。小さな黄色い花が細長く並んで付き、これがタデ科のミズヒキに似ているとして名付けられました。高さは30〜80cm、全体に毛が多く生えます。果実にはかぎ形のトゲがあり、動物にくっつきます。

▲ふさのように、たくさん果実が付く。

ヤマノイモ

（ヤマノイモ科・多年草）

山や野に多いつる植物です。長いハート形の葉が、つるに向かい合って付きます。土の中の太い根は「自然薯」として食用になります。葉の付け根にできるむかごも食べられます。雄株と雌株があり、とても小さな白い花が咲きます。

◀ヤマノイモのむかご。味はヤマノイモの根と似ている。

オニドコロ（トコロ）

（ヤマノイモ科・多年草）

山や野で普通に見られるつる植物です。ヤマノイモの仲間ですが、ハート形の葉は互い違いに付き、土の中の根茎は食べられず、むかごはできません。雄株と雌株があり、花の色は薄い緑色です。

見分け方

ヤマノイモ
葉が向かい合って付く。むかごができる。

オニドコロ
葉が互い違いに付く。むかごはできない。

ナルコユリ

（ユリ科・多年草）

茎に、白い筒のような花が並んでぶら下がる姿は、アマドコロ（p28）とよく似ていますが、ナルコユリは茎が丸く、葉もやや細長いのが違いです。花は葉の付け根に1〜5個ずつまとまって付きます。高さ50〜80cm、林の中などで見られます。

オオバギボウシ

（ユリ科・多年草）

縦のすじが目立つ、大きな丸い葉が特徴的です。高さ50〜80cmになる花の茎に、長い筒のような形の花が横向きにたくさん付きます。花の色は、白から淡い紫色です。山地の草原などで見られ、若い葉はおいしい山菜です。

コバギボウシ（ユリ科・多年草）

オオバギボウシと同じ仲間ですが、葉は少し小さめです。また、花の色は紫色で、花びらにすじがあるのが特徴です。高さは20〜30cm、山や野の日当たりのよい湿地などで見られます。

見分け方

オオバギボウシ
葉は長さ18〜30cmで、幅の広いハート形。花の色は白から淡い紫色。

コバギボウシ
葉は長さ10〜16cmで、やや細め。花の色は紫色。

ジャノヒゲ（リュウノヒゲ）

（ユリ科・多年草）

山の林のやや薄暗いところで見られます。根元からたくさん出る細長い葉を、蛇や竜のひげに見立てたのが名の由来です。高さ20〜60cmほどの花の茎に、白または淡い紫色の花が集まって咲きます。深い青色の、丸い種子ができます。

▼深い青色のきれいな玉のような種子。

ヤマユリ (ユリ科・多年草)

直径22〜24cmもある大きな白い花には、黄色いすじと赤い斑点があり、むせかえるほどの強い香りがします。高さは1〜1.5m。本州の近畿地方以北の地域では、山や丘に野生で生えているのが見られます。また、栽培もされています。

ウバユリ (ユリ科・多年草)

ほかのユリの仲間と違い、ウバユリの葉は丸みがあり、葉のすじは網目状です。林の中の湿ったところに生え、高さ60cm〜1mの茎に、緑がかった白色の花を横向きにいくつも咲かせます。発芽から6〜8年で1回だけ開花し、その後枯れます。

ユリの増え方

ユリの仲間は、種子以外にむかご、鱗茎などで増えます。むかごや鱗茎から出た新しい芽は、親と同じ遺伝子を持つクローン植物になります。

◀むかご。葉の付け根の芽が、栄養を貯めて太ったもの。これが地面に落ちると、そこから新しい芽が出る。日本の野生のユリの中では、オニユリだけにむかごができる。

◀種子。花が終わると茶色く乾いた果実ができ、それが裂けて中から種子が出てくる。種子には薄い膜（翼）が付いていて、風に飛ばされ遠くへ運ばれる。オニユリにはほとんど種子ができない。

◀鱗茎（ゆり根）。土の中にあるが、根ではなく葉がうろこのような形（鱗片）に変化し、栄養を貯めて厚くなったもの。はずれた鱗片から新しい芽が出る。オニユリやヤマユリのゆり根は食べられる。

ユリに集まる生きもの

ユリの仲間は花の奥に蜜があり、口が長いアゲハチョウなどの仲間が蜜を吸いにやってきます。ユリの花粉はとてもねばりけがあり、チョウの羽に付きやすくなっています。

アゲハ
アゲハチョウ科
ユリの花には赤い斑点があり、赤い色を見分けられるアゲハの仲間が多く訪れる。

ルリタテハ
タテハチョウ科
成虫は主に樹液を吸うが、幼虫はユリの仲間の葉を食べて育つ。

ユリクビナガハムシ
ハムシ科
成虫も幼虫も、ユリの仲間の葉を食べる。

ササユリ（ユリ科・多年草）

葉がササに似ている、というのが名前の由来です。西日本に多く、本州の中部地方以西、四国、九州に分布します。高さは50cm～1m、草地などで見られます。花は淡いピンク色で、ほかのユリより少し早い6～7月頃咲きます。

コオニユリ（ユリ科・多年草）

オニユリとよく似たオレンジ色の、斑点のある花が咲きますが、オニユリが人里に多いのに対し、コオニユリは山の草原などに生えます。また花が一回り小さめで、葉の付け根にむかごは付きません。高さは1～1.5mです。

ミソハギ（ボンバナ）

（ミソハギ科・多年草）

田のあぜや山の湿地に生え、高さは約50cm～1mです。花びら６枚の赤紫色の花が集まって咲きます。葉は細長く、向かい合って付きます。お盆の行事で、仏前に供えるのに使われるほか、この花の穂でお供物に水をかける風習もあります。

セリ

（セリ科・多年草）

水田や小川などに生えますが、栽培もされます。春の七草の１つで、春のやわらかい新芽が食用になります。高さは20～50cm、小さな白い花が茎の先にたくさん枝分かれして付きます。葉は多くの小葉に分かれ、ギザギザがあります。

ミゾカクシ（アゼムシロ）

（キキョウ科・多年草）

田のあぜなど、湿ったところに生えます。溝を隠すほどにびっしりと生え広がる様子から名付けられました。花びらは５つに切れ込みますが、形が独特で、羽を広げた鳥のようにも見えます。茎は地面をはい、節目から根を出して増えます。葉は長さ1～2cmで、細長い形です。

コウホネ

（スイレン科・多年草）

池や沼、小川などの水の中の、浅いところに生えます。水底をはう茎が白い骨のように見えるのが名の由来です。水の上に見える葉は長さ20～30cmと大きく、水の中には細長い葉があります。黄色い花びらに見えるのはがく片です。

サギソウ (ラン科・多年草)

まるで白いサギが羽を広げているような、優雅な姿の花です。山の日当たりのよい湿地などに生える高さ15〜40cmのランの仲間で、古くから栽培もされていますが、野生のものはとても数が少なくなっています。葉は細長い形です。

◀1本の茎に1つから5つほど花が付き、何羽もシラサギが群れているように見える。

カキツバタ

(アヤメ科・多年草)

湿地や水辺などで見られるアヤメの仲間です。この仲間は、がく片と花びらが似たような形で、がく片を外花被片、花びらを内花被片と呼びます。カキツバタの外花被片には白いすじ模様があるのが特徴です。高さは40〜80cmです。

見分け方

カキツバタ
花に白いすじ模様がある。

アヤメ
花に黄色い網目模様がある。

アヤメ (アヤメ科・多年草)

やや乾燥した草地などに生えます。高さは30〜60cmほどで、剣のような細長い葉を付けます。花の外花被片に黄色の網目模様があることで、ほかのアヤメの仲間と見分けられます。

ホテイアオイ（ミズアオイ科・多年草）

熱帯アメリカ原産の帰化植物です。水槽などで栽培されていたものが野生化し、増えすぎて害草となっているところもあります。水の中に生え、根は水中に伸び、葉の柄がふくらんで浮き袋の役割をしています。淡い紫色の花が咲きます。

◀ホテイアオイの浮き袋の断面。浮き袋を、七福神の布袋のおなかに見立てて名前が付けられた。

ガマ

（ガマ科・多年草）

池や川岸、湿地などにたくさん集まって生える、高さ1.5〜2mほどの大きな草です。茎の先に付く花の穂は、上部が雄花の穂、下部が雌花の穂で、雌花の穂は茶色いソーセージのように長く太くなります。地下茎が横に伸びます。

ショウブ

（サトイモ科・多年草）

水辺に生えます。端午の節句のしょうぶ湯に使われるのがこの草で、全体によい香りがあります。アヤメ科のハナショウブとは全く違うサトイモ科の仲間で、小さな花が穂のように集まって咲きます。葉は長さ50cm〜1mになります。

ハマヒルガオ

（ヒルガオ科・多年草）

海岸でよく見られるヒルガオの仲間です。砂浜の砂の中に白い地下茎を伸ばし、一面に広がって生えます。地上の茎は砂の上をはったり、何かに巻き付いて伸びます。葉は丸みがあり、付け根は深くくぼみ、表面はつやつやしています。

ハマボウフウ

（セリ科・多年草）

海岸の砂浜に生えます。小さな白い花が丸く集まったものが、太い花の茎の先にいくつも付きます。高さは5〜30cmで、葉は厚く、つやがあります。若い芽は刺身のつまとして使われます。太い根を、地中深く伸ばしています。

ハマオモト（ハマユウ）

（ヒガンバナ科・多年草）

関東地方から西の本州〜沖縄の海岸に生えます。葉は30〜70cmと長く、厚みがあります。葉の表面にはつやがあり、先がとがっています。花はよい香りで、細長い花被がくるりと反り返ります。種子は水に浮かび、海の水に流されて、広い地域に運ばれます。

浜辺の植物の知恵

海岸は、潮風や強い日光、乾燥など、植物にとって厳しい条件がそろった場所。植物たちは、背を低くし、密集することで風に耐えたり、つやのある葉で日光をはね返したり、厚い葉、深く伸びる根で水分を確保したりしています。

▲ツワブキの葉。つやつやとした葉。

▲ハマボウフウの根。砂地の地下深くに根を伸ばす。

キリ

(ゴマノハグサ科・落葉樹)

生長が早い木で、高さ8〜15mになります。長さ5〜6cmもある大きな紫色の花が咲きます。葉は五角形に近く、向かい合って付き、両面に毛が生えています。木材にすると軽くてやわらかく、家具や下駄、楽器などに用いられます。

◀集まって咲く花が人目を引く。庭木としてもよく植えられる。

スイカズラ (キンギンカ, ニンドウ)

(スイカズラ科・半落葉樹)

山や野の道ばたなどに生えるつる性の木です。花の色が白から黄色に変わっていくので、金銀花という別名があります。花はよい香りがします。花びらは筒のような形で、上下に細長く裂け、雄しべと雌しべが突き出ています。

◀黒く熟した果実は2個ずつ並んで付く。

イヌツゲ

（モチノキ科・常緑樹）

庭などによく植えられているのを目にしますが、山にも生えています。高さは普通3〜5mですが、15mほどまで伸びることもあります。小さな楕円形の葉がびっしりと互い違いに付き、ふちにはギザギザがあります。雄株と雌株があります。黒くて丸い果実ができます。

◀白い花とは対照的に、5〜6ｍｍほどの黒い果実がたくさん付く。

アカメガシワ（ゴサイバ）

（トウダイグサ科・落葉樹）

伐採後の空き地や林のふちなど、明るいところに生えます。高さは5〜10m。若い葉が、毛で赤く見えるため、この名が付きました。雄株と雌株があり、どちらも花びらのない小さな花が集まって咲きます。葉には長い柄があります。

▲赤い毛は、葉の生長とともに抜け落ちて、緑の葉になる。

ネムノキ（マメ科・落葉樹）

夜になると葉が閉じて眠ったように見えることが名の由来です。花は、ピンク色の雄しべがふさふさと長く伸びて目立ちます。葉はたくさんの小葉に分かれます。高さ6〜10m、山や川岸などに生え、庭や公園にも植えられます。

◀種子は幅広のマメ形のさやに入っている。

眠る植物

夜になると葉を閉じて、まるで眠ったように見える植物があります。ネムノキのほか、ダイズやシロツメクサ、クズなど多くのマメの仲間、カタバミなどで見られます。こうして、水分の蒸発を調節していると考えられています。

▲ネムノキ：マメ科。葉が真ん中から表側に折りたたまれ、たれ下がる。

▲カタバミ：カタバミ科。葉の中心から裏側へ折りたたまれ、さらに小葉も折れ曲がる。

◀ハリエンジュ（ニセアカシア）：マメ科。葉の真ん中から2つに折りたたまれ、小葉が重なる。

ノイバラ （バラ科・落葉樹）

山や野でよく見られる野生のバラです。高さは1.5mほど、枝に鋭いトゲがたくさんあります。葉は7～9枚の小葉が羽のように並びます。初夏に、直径2cmほどの、よい香りの白い花が咲き、黄色い雄しべが目立ちます。果実は赤く熟します。

◀赤い実がたくさん付き、鳥もついばみに来る。

ナワシロイチゴ （サツキイチゴ）（バラ科・落葉樹）

道ばたや川原の土手、丘など、日の当たる場所に生えます。葉は3つまたは5つの小葉に分かれ、茎や枝にはトゲがあります。花は濃いピンク色で、花びらが上を向き、まわりを5枚のがく片が囲みます。果実は初夏に赤く熟し、食べられます。

▼花はピンクで春から初夏にかけて咲く。

モミジイチゴ （バラ科・落葉樹）

中部地方以北に生えるキイチゴで、高さ1.5mほどの低木です。葉は3～5つに切れ込み、ふちにはギザギザがあり、モミジに少し似ています。茎にはトゲがあります。春に白い花が咲き、初夏には果実が黄色っぽく熟し、食べられます。

▼春、白い花が下を向いて咲く。

ゆりかごを見つけよう

自然の中の生きものたちにとって、植物は家にもなります。特に子育ての時には、子どもや卵を守るため、葉をしきつめてベッドにしたり、枝葉を編んで丈夫な壁を作ったりと、植物をうまく利用する生き物がたくさんいます。野山を歩きながら、植物で作られたゆりかごを見つけてみましょう。

人里や草原を探してみよう

バラハキリバチ

バラハキリバチは、バラの葉や花びらを切り取って、竹の筒や木の穴などに詰めて部屋を作り、その中に卵を産みます。バラの葉が丸く切り取られていたら、このハチのしわざです。

▶葉や花を、大アゴで丸く切り取り、あしで抱えて、巣まで運ぶ。

セッカ

川原にすむ鳥のセッカは、オスが、ススキなどの葉を、クモの糸を使って袋のような形にぬい合わせ、メスを誘います。メスが気に入ると、内側にチガヤの穂などを詰めて巣を作り、卵を産みます。

▲チガヤの葉を束ねて巣を作るオス。

▲巣の中のヒナに、食べ物を与えるメス。

カヤネズミ

野原にすみ、ススキなどの葉を編んで、ボールのような巣を作ります。秋には少し大きめの巣を作り、その中で子どもを産んで育てます。ススキやチガヤなどを、昔はカヤと呼びました。

▶巣から顔を出すカヤネズミ。体長5〜8cmほどの、日本で一番小さなネズミ。最近は草原が少なくなり、数が減っている。

森や林を探してみよう

リス

リスの仲間は、夜の寝床や子育ての場所として、巣を作ります。木の穴の中に、樹皮やコケをしいたり、木の枝をラグビーボールのような形に編んで、中にやわらかい草やコケなどを入れて作ります。ハイキングや散策の時に見られるかもしれません。

▶木の洞の中に作られた巣から顔を出す、エゾリスの子ども。

オトシブミ

オトシブミの仲間は、コナラ、ハンノキなどの葉に卵を産んで、卵を包むように葉をくるくると巻いて切り落とします。林の道ばたで、巻物のように巻かれたオトシブミのゆりかごを探してみましょう。

▲あしを使って、葉を半分に折っていく。

▼葉を少し巻いて、途中で卵を産み、それを包むようにまた巻いていく。

▼巻き終わったら、葉の付け根をかみ切って地面に落とす。生まれてきた幼虫はこの葉を食べて育つ。

アオバセセリ

チョウの仲間のアオバセセリの幼虫は、アワブキなどの葉を折りたたみ、自分で巣を作ります。幼虫は卵からかえるとすぐに巣を作って中に入り、食事の時は巣から出てきてまわりの葉を食べます。成長とともに、何度も新しい巣を作ります。

▶葉の左右を結び付けるように糸を吐いて、たぐり寄せながら葉を折りたたんでいく。

▶葉に切れ込みを入れ、内側からも糸でかがって、葉をしっかりと閉じる。

ガマズミ

(スイカズラ科・落葉樹)

山や野の日当たりのよい場所に生える、高さ2〜4mの低木です。葉は丸みがあって、すじが目立ち、ふちにギザギザがあります。直径5mmほどの小さい花が丸く集まって咲きます。秋に熟す赤い果実は食べられます。

◀果実は甘酸っぱいが、秋も深まり霜に当たると甘みが増す。

クチナシ

(アカネ科・常緑樹)

6〜7月に白い花を咲かせ、甘い香りがただよいます。黄色い雌しべが、棒のように突き出ています。果実は食べ物の着色料や染料として使われます。高さ1.5〜3mの低木で、静岡県以西に生えるほか、庭や公園などにも植えられます。

◀果実は熟しても割れない(口が開かない)ので、「口無し」と名が付いた。

クサギ

(クマツヅラ科・落葉樹)

枝や葉を折った時のにおいから、「臭い木=臭木」と名付けられました。林のふちや川沿いなどの日当たりのよいところで見られます。葉は大きな三角形で、長い柄があります。白い花びらとピンクのがく片の組み合わせが目を引きます。

◀青い部分が果実で、赤い星形の部分はがく。

エゴノキ

(エゴノキ科・落葉樹)

雑木林などでよく見られる、高さ7〜15mの木です。5〜6月頃、白い花がびっしりと、枝からぶら下がって咲きます。幹は表面がなめらかです。果実に毒があり、昔はこれをすりつぶして川に流し、魚を麻痺させるという漁法がありました。

リョウブ

(リョウブ科・落葉樹)

林の中などに生えます。幹の皮がはがれ落ちて、まだら模様になっているのが特徴です。葉は枝先に集まって付き、その先に白い小さな花が集まって咲きます。高さは8〜10mです。若い葉は昔、ゆでて乾燥させ、保存食とされました。

ヤマボウシ

（ミズキ科・落葉樹）

山や野に生える、高さ5〜10mの木です。4枚の白い花びらのように見えるものは総苞片で、その中心に、本当の小さな花が集まっています。総苞片は、先がとがった形です。秋に熟す、赤く丸い果実は食べられます。

◀外側は赤いが、中の果肉は黄色。

タラノキ（ウコギ科・落葉樹）

春先の若芽は、山菜の「タラノメ」として親しまれます。夏、枝の先に、小さな白い花が集まって付いた枝がいくつも出ます。枝や幹には、鋭いトゲがたくさん生えています。山や野の日当たりのよいところに生える、高さ3〜5mの低木です。

▲タラノキの若芽。柔らかい先を摘んで食べる。

ウツギ（ユキノシタ科・落葉樹）

明るい林のふちなどに多い、高さ1.5〜2mの低木です。枝が中空なので「空木」と名付けられました。唱歌「夏は来ぬ」にも歌われる「卯の花」はこの木のことで、初夏から、花びら5枚の白い花が多数咲きます。葉は向かい合って付きます。

ヤマアジサイ（サワアジサイ）

（ユキノシタ科・落葉樹）

別名の通り、沢沿いや、林の中の湿ったところに生えるアジサイです。小さな花のまわりを、大きな飾りの花（装飾花）が取り囲んでいます。白やピンク、青紫など、色々な花の色があります。高さ1〜1.5mの低木です。

◀白いヤマアジサイの花。

コアジサイ（シバアジサイ）

（ユキノシタ科・落葉樹）

アジサイの仲間ですが、ヤマアジサイのような飾りの花（装飾花）はなく、小さな花だけが丸く集まって咲きます。葉は薄く、ふちに大きなギザギザがあります。山や丘の林の中に生える、高さ1〜1.5mの低木です。

飾りの花で目立たせる

ガクアジサイは、小さな花がたくさん集まり、そのまわりを、「装飾花」という、がく片が花びらのように大きくなった飾りの花が囲んでいます。これによって、虫に、花があることを知らせているのです。装飾花は雄しべと雌しべが退化していて、種子ができません。

ガクアジサイ（ユキノシタ科・落葉樹）
暖かい地域の海岸沿いに生えますが、昔から栽培されており、庭などで見かける機会が多い木です。葉は厚く、つやがあります。花の色はピンクや青、紫など色々です。

ヤマモモ

(ヤマモモ科・常緑樹)

千葉県南部、福井県より南の地域の山に生え、庭や公園などにも植えられます。高さは25mほどになります。葉は細長いへらのような形です。雄株と雌株があり、花は春に咲きますが、目立ちません。夏にイボイボのある赤い果実ができ、食べられます。

マタタビ (マタタビ科・落葉樹)

山に生えるつる性の樹木で、猫が好む植物として有名です。雄株と雌株があり、白いウメのような形の、よい香りの花が咲きます。花の頃には、枝先の葉が白くなって目立ちます。果実は、果実酒や塩漬けなどによく使われます。

▲熟したオレンジの果実はそのまま食べられ、青いうちは漬け物などにする。

ヤマグワ (クワ)

(クワ科・落葉樹)

山などに生え、高さは3〜10m。中国原産のマグワとともに、蚕を飼うために栽培もされていました。葉の形は卵形から、深く切れ込みが入るものまで色々です。普通雄株と雌株があり、花は花びらがなく地味です。果実は食べられます。

ヒメコウゾ

（クワ科・落葉樹）

人里近くの山などに生える、高さ2～5mの低木です。同じ木に雄花と雌花が付きます。葉の付け根のトゲトゲの丸いものが雌花の集まり、その枝の下に付くのが雄花です。果実は食べられますが、毛のような雌しべで、口の中がざらつきます。

◀春に咲く花は、赤くて糸状の雌しべの先が、花びらのように目立つ。

紙になる木

本などに使われる洋紙の原料は輸入木材パルプが中心ですが、和紙には、コウゾやミツマタ、ガンピなどの木が使われます。繊維が長く、丈夫で独特の風合いがあります。ミツマタは日本の紙幣の原料になっています。

コウゾ
クワ科
長い繊維が特徴。仲間のヒメコウゾやカジノキも使われる。

ミツマタ **ジンチョウゲ科**
中国原産で、繊細で強い繊維が紙幣に適している。

ガンピ
ジンチョウゲ科
高級和紙「鳥の子紙」の原料として重宝された。

夏の樹木

サツキ（ツツジ科・半常緑樹）

関東以西の地域の、川岸の崖などに生えますが、公園や庭などに植えられた園芸品種を見る機会の方が多いかもしれません。高さ1mほどの低木で、長さ2〜3.5cmの厚みのある葉を付け、5〜7月頃、朱色や赤紫色の花を咲かせます。

サイカチ（マメ科・落葉樹）

山や川原などに生えます。高さは約15m、幹に、枝分かれした鋭いトゲがあります。6月頃、小さな花が集まって咲きますが、目立ちません。葉は、楕円形の小葉が羽のように並んだ形です。果実は大きな豆で、ねじれています。

タブノキ（クスノキ科・常緑樹）

暖かい地域の海岸沿いでは、林の中でとても多く見られる木です。高さ15〜20m。葉の長さは8〜15cmで、厚みがあり、表面にはつやがあります。花は薄い黄緑色ですが、小さく目立ちません。夏に、黒紫色の丸い果実ができます。

マサキ（ニシキギ科・常緑樹）

海岸近くの林に生えるほか、生け垣などにも使われ、多くの園芸品種があります。高さは2〜6m。葉は楕円形で細かいギザギザがあります。白っぽい黄緑色の、小さな花が咲きます。果実は割れると、朱色の種子が出てきてよく目立ちます。

秋冬

ヨメナ（オハギ）（キク科・多年草）

ノコンギクとよく似た薄紫色の花が咲きますが、葉はザラザラしていません。果実の毛がとても短いのも、ノコンギクとの違いです。田のあぜなど湿った場所や道ばたなどで見られます。高さは50cm〜1.2m。中部地方以西に生えます。

見分け方

ヨメナ
葉がザラザラしない。果実の毛が短い。

ノコンギク
葉がザラザラする。果実の毛が長い。

ヨモギ（キク科・多年草）

春の若葉（p70）はよもぎ餅などに使われます。秋になると背が高くなり、小さな花が下向きにたくさん咲き、葉が深く切れ込んで、違った印象になります。葉の裏に白い毛が多く生えます。高さ50cm〜1.2m。荒れ地や道ばたなどでよく見られます。

ノコンギク（キク科・多年草）

秋の野原で見られる、代表的な野菊の1つです。薄い紫色の舌状花が、黄色い筒状花を取り囲むように付いています。高さは50cm〜1m。楕円形の葉の両面に毛が生え、さわるとザラザラします。果実に長い毛が生えています。

ユウガギク（キク科・多年草）

近畿地方以北に生える、白い野菊です。草地や道ばたなどで見られ、高さは40cm〜1.5m。葉は薄く、ふちが切れ込んでいるものもあります。ユズの香りがする菊、という意味の名前ですが、あまりユズに似た香りはしません。

◀花の形が似ているヨメナよりも、花びらがまばらな感じがする。白い花のほかに、薄い青色の花もある。

オオアレチノギク（キク科・越年草）

花や葉の付き方、背の高さ、生える場所などがヒメムカシヨモギとよく似ていますが、オオアレチノギクの花は花びらが隠れて目立たず、咲いていてもつぼみのように見えます。また茎に毛が多く生えます。南アメリカ原産の帰化植物です。

見分け方

ヒメムカシヨモギ
白い花びらが見える。

オオアレチノギク
花びらは目立たない。

ヒメムカシヨモギ（キク科・1〜越年草）

荒れ地や道ばたなどに勢いよくはびこっています。北アメリカ原産の帰化植物で、高さ1〜2mと人の背以上に伸び、葉は茎を取り巻くように密に付きます。頭花は小さく、すぼんだように咲きますが、白い花びらがはっきり見えます。

アキノキリンソウ
（キク科・多年草）

直径1.3cmほどの花は、小さいながらキクの仲間らしい形をしています。高さは30～80cm。秋に咲き、花がベンケイソウ科のキリンソウに似ているということから名前が付けられました。山や野の草地などで見られます。

◀花の集まり全体を見るとぼさぼさした印象だが、1つ1つの花は小さくかわいらしい。

セイタカアワダチソウ（キク科・多年草）

黄色い小さな花を茎の先にたくさん付け、これが泡のように見えることと、背が2.5mほどと高くなることが名前の由来です。代表的な帰化植物で、荒れ地や土手を一面黄色く染めるほどに増え広がりますが、最近は勢いが落ち着いています。

▲綿毛で風に乗り、種子を飛ばす。

キクイモ（キク科・多年草）

地下の茎が太くなって芋になるので、かつては食用にするために栽培されていました。今は空き地などで野生化しています。頭花は直径6～8cmと大きく、葉は卵形でザラザラしています。1.5～3mと、とても背が高くなります。

◀キクイモの地下茎。繁殖力が強く、栄養分の少ない土地にもどんどん生える。

コセンダングサ (キク科・1年草)

荒れ地などで多く見られる帰化植物です。葉は3～5つの小葉に分かれ、するどいギザギザがあります。頭花は黄色い筒状花だけでできています。細長い果実には、下向きのかたい毛が生えたトゲがあり、動物の毛などに強力に引っかかります。

◀果実は集まって付く。アメリカセンダングサも同じような形で、動物や人にくっつく。

見分け方

コセンダングサ	アメリカセンダングサ
総苞片は短め。	総苞片が長い。
舌状花はない。	小さな舌状花がある。

アメリカセンダングサ (キク科・1年草)

頭花のまわりに長い総苞片があり、まるで緑色の花びらのようです。茎は黒っぽい紫色で、角張っています。頭花は筒状花と舌状花の両方でできています。北アメリカ原産の帰化植物で、荒れ地や道ばたで普通に見られます。

メナモミ (キク科・1年草)

花のまわりの総苞片がネバネバしていて、果実になると動物などにくっついて運ばれます。花びらの先は3つに割れています。葉は三角形に近い形で、茎にはふさふさの毛があります。高さ60cm～1.2m。荒れ地や道ばたなどに生えます。

帰化植物はどうやって入ってくる?

帰化植物とは、人間の力で外国から侵入し、新たに野生で生えるようになった植物です。

【園芸植物が野生化】
ショカツサイ (オオアラセイトウ)、セイタカアワダチソウ、ハナニラ、オオハンゴンソウなど

【食用の植物が野生化】
オランダガラシ、キクイモなど

【牧草が野生化】
シロツメクサ、カモガヤなど

【水槽で栽培されていたものが野生化】
ホテイアオイなど

このほか、飼料などに種子が混じっていたり、人にくっついて運ばれてきたりするものもありますが、原因がはっきりと特定できない場合もあります。

フジバカマ (キク科・多年草)

秋の七草の1つで、関東地方以西の川原や土手などに生える草ですが、現在は数が少なくなり、絶滅が心配されています。葉は、桜餅のようなよい香りがします。茎の先に、小さな白っぽい紫色の花がたくさん咲きます。

アキノノゲシ (キク科・1〜越年草)

淡い黄色の花が特徴的です。葉は、茎の下の方に付くものは深く裂け、上の方の葉は小さくて切れ込みはありません。暗くなると花を閉じてしまいます。荒れ地や道ばたなどで見られ、高さは1.5〜2mと、人の背丈以上にまで伸びます。

オオブタクサ (クワモドキ)

(キク科・1年草)

河川敷などで見られる帰化植物で、ブタクサと同様、花粉症の原因になります。高さが2.5m近くにもなり、茎には毛が多く生えています。ブタクサと違い、葉は手のような形に裂けます。

見分け方

オオブタクサ	ブタクサ
葉が手のような形に裂ける。	葉が羽のように細かく裂ける。

ブタクサ (キク科・1年草)

北アメリカ原産の帰化植物で、荒れ地や川原などに生えます。高さ30cm〜1m、小さな頭花が細長く集まって付き、この花粉が秋の花粉症の原因になります。葉は羽のように深く裂けます。雄花と雌花が、同じ1本の草に付きます。

ノハラアザミ（キク科・多年草）

草原で見られるアザミの仲間です。高さは40cm〜1m。ノアザミと少し似ていますが、ノハラアザミは秋に咲くことと、がくのように見える総苞がネバネバしていないことが違いです。中部地方以北の本州に分布します。

◀ノハラアザミに来たウラギンヒョウモン。ウラギンヒョウモンは、暑い夏は夏眠し秋に再び活動する。

見分け方

ノハラアザミ	タイアザミ
総苞片がやや反り返る。根元の葉は花の時期まで残る。	総苞片が大きく反り返り、鋭いトゲになる。根元の葉は花の時期には枯れてなくなる。

タイアザミ（トネアザミ）

（キク科・多年草）

関東地方から中部地方南部の、山や野でよく見られるアザミです。葉や総苞片のトゲが太くて長く、さわると痛く感じます。花は普通横向きに付き、高さは1〜2mほどと、ノハラアザミより高くなります。

オオオナモミ（キク科・1年草）

▲オオオナモミの果実。先に2本のトゲがある。

川原や畑などで見られる帰化植物です。高さは50cm〜2m。雄花と雌花が1本の草に付きます。果実はラグビーボールのような形で、先がかぎのように曲がったトゲがびっしり生え、動物の毛などにがっちりと引っかかります。

ふしぎなこぶ

植物の葉にところどころ、こぶのようなものが付いていたり、芽や果実などが、普通とは違った色や形にふくらんでいるのを見たことはありませんか？これは、虫が寄生した影響で植物の一部が異常な生長をしたもので、虫こぶといいます。

▶ケヤキにできた虫こぶ。

▲ヌルデにできた虫こぶ。

虫こぶは、植物に害を与えることもありますが、人間にうまく利用されているものもあります。たとえば、ヌルデの虫こぶは「五倍子」と呼ばれ、染料などに使われました。

▲マタタビにできた虫こぶ。

▲クヌギにできた虫こぶ。

▶ノイバラにできた虫こぶ。

虫こぶを切ってみると・・・

虫こぶの中身は？

虫こぶを割ってみると、中には多くの場合、虫が入っています。虫こぶは主に虫が植物に産卵することによってでき、虫こぶは幼虫のすみかとなっています。虫こぶを作る虫は主にタマバチ、タマバエ、ダニ、アブラムシなどの仲間で、植物＋できる場所＋形＋「フシ」の組み合わせで、虫こぶにも名前が付けられています。

虫こぶの中に入っているノイバラタマバチの幼虫。

オミナエシ（オミナエシ科・多年草）

秋の七草の1つで、万葉集にも登場します。高さは60cm～1m。茎の先が枝分かれし、黄色い小さな花がたくさん付きます。葉は向かい合って付き、羽のように裂けています。日当たりのよい草地などに生えます。

見分け方

オミナエシ
花は黄色。葉はオトコエシより薄めで、幅が狭い。

オトコエシ
花は白色。葉はオミナエシより厚めで、幅が広い。

オトコエシ（オミナエシ科・多年草）

全体に、オミナエシより強くがっしりした印象です。花の付き方はオミナエシと似ていますが、花の色は白です。根元から地をはう茎を出し、先端から新しい芽を出して増えます。高さ60cm～1m、林のふちや荒れ地などで見られます。

キツネノマゴ（キツネノマゴ科・1年草）

花は茎の先に、穂のように集まって付き、緑色の苞の集まりがふさふさしたしっぽのように見えます。花びらは上下2つに裂け、上は白、下は薄い紫色です。葉はギザギザのない卵形です。道ばたなどで見られる高さ10～30cmの草です。

カラスウリ（ウリ科・多年草）

花は夏の夜咲き、花びらの先がレースのように細かく裂けた幻想的な姿です。やぶなどにからみ付いて生えるつる性の草で、雄花と雌花が別の株に付きます。秋には長さ5～7cmほどの朱色の果実がぶら下がります。

▲花には、夜行性のガの仲間が蜜を吸いに来る。

ゲンノショウコ

（フウロソウ科・多年草）

昔から下痢などの薬として使われ、飲めばすぐに効くということから「現の証拠」と名付けられました。花の色が2種類あり、東日本では白い花、西日本では赤紫色の花が多く見られます。果実が熟すと5つに裂け、上に巻き上がります。

◀赤紫色のゲンノショウコ。花びらには、白い花にも赤紫の花にも濃いすじが入っている。

ナンバンギセル（オモイグサ）

（ハマウツボ科・１年草）

ススキやミョウガ、サトウキビなどの根に生え、栄養をもらって生きている寄生植物です。横向きに付く花の形が、タバコを吸うキセルに似ていることから、名前が付けられました。茎のように見えるのは花の柄で、高さは15～20cmになります。

アキノタムラソウ

（シソ科・多年草）

長い花の穂に、青紫色の小さな花が茎を囲むように、何段にもなって付きます。葉は3～7枚の小葉に分かれ、向かい合って付きます。園芸植物のサルビアと近い仲間です。高さは20～80cmほどです。道ばたや林のふちなどで見られます。

メドハギ（マメ科・多年草）

高さ60cm～1mになる茎に、3つの小葉に分かれた小さな葉がびっしりと付いています。葉の付け根に、クリーム色の小さな花が咲きます。茎はかたく、まっすぐに伸びます。草地や道ばたに生えます。

◀花は6～7mmほど。「めど」とは占いのことで、昔メドハギの茎を占いに使っていたことから付けられた名前。

ツルマメ（ノマメ）（マメ科・1年草）

この草が、栽培植物のダイズのもとになったといわれています。つる性の草で、野原や道ばたなどで見られます。花は赤紫色で、長さ5～8mmととても小型です。葉は3つの小葉に分かれ、やや細長い形で、毛が生えています。

▲ツルマメの果実。豆が2～4個入っている。

ヤブマメ（ギンマメ）（マメ科・1年草）

▲ヤブマメの果実。豆が3つほど入っている。

林や草原のふちなどで見られるつる性の草です。葉は3つの小葉に分かれ、両面に毛が生えています。花は長さ1.5～2cmほどで、豆の形の果実ができます。地下の茎に開かない花（閉鎖花）が付き、これも地中で果実になります。

カワラナデシコ

(ナデシコ科・多年草)

「ナデシコ」といえば、普通このカワラナデシコを指します。ヤマトナデシコとも呼ばれ、日本女性の美称でもあります。秋の七草の1つで、日当たりのよい草地や川原などに生え、高さは30〜50cm。花びらは糸のように細かく裂けます。

秋の七草

万葉集の山上憶良の歌に「秋の野に　咲きたる花を　指折り　かきかぞふれば　七種の花」「萩の花　尾花 葛花　瞿麦《なでしこ》の花　女郎花　また藤袴　朝顔の花」と歌われたのが秋の七草です。いずれも目で楽しむ花々です。

センニンソウ

(キンポウゲ科・落葉半低木)

道ばたや林のふちなどに生えるつる植物で、長い葉の柄で何かにからみ付いて伸びます。茎は木質化します。白い花びらに見えるものはがく片で、4枚が十字形に付きます。果実に長い毛があり、これを仙人のひげにたとえて名前が付けられました。

見分け方

センニンソウ
花は直径2〜3cm。葉のふちは普通なめらか。

ボタンヅル
花は直径1.5〜2cm。葉のふちにギザギザがある。

ボタンヅル (キンポウゲ科・落葉半低木)

ボタンに葉が似ているとして、この名が付けられました。林のふちや草地などに生えるつる植物です。センニンソウより花は小さく、葉も薄めです。また、葉のふちにギザギザがあることも違いです。

ワレモコウ

（バラ科・多年草）

秋の風情を感じさせる花ですが、最近は数が減っています。日当たりのよい草地などに生え、高さは50cm〜1m。楕円形の花の穂は、一見花らしく見えませんが、上から下へ咲いていきます。葉は5〜13枚の小葉に分かれます。

アカザ（アカザ科・1年草）

若葉が赤紫色の粉に覆われ、赤く見えるのが特徴です。畑や道ばたなどに生え、高さは1〜1.5m。葉の形は三角形に近い卵形で、ギザギザがあります。花はとても小さく、穂のように集まって付きます。若葉は食べられます。

▲アカザの若葉。ホウレンソウの味に似ている。

シロザ

（アカザ科・1年草）

アカザはシロザの変種（同じ種の植物で、形や色などが違うもの）とされます。若葉は白っぽくなり、葉はアカザより少し厚めです。高さ60cm〜1.5m。畑や道ばたで見られます。アカザと同じく食用になり、ゆでておひたしなどにします。

見分け方

アカザ
若葉が赤い。

シロザ
若葉が白い。

イタドリ（タデ科・多年草）

▲イタドリの果実は、風に乗りやすいように翼が付いている。

葉は長さ6〜15cmと大きめで、先がとがっています。葉の付け根から枝を伸ばして、小さな花をたくさん咲かせます。雄株と雌株があります。若い茎はタケノコに似ていて、食用になります。斜面や土手、やぶなどでよく見られます。

イシミカワ（タデ科・1年草）

道ばたや田のあぜなどに生えるつる性の草です。葉は三角形、茎には下向きのトゲが生えます。花は黄緑色で小さく、たくさん集まって咲きます。その下には特徴的な、丸い苞葉が付いています。丸い藍色の実ができます。

▲果実の色は、藍色のほかにピンクや紫にもなる。

▶イシミカワの花。

イヌタデ(アカマンマ)

(タデ科・1年草)

たくさん集まって付くピンク色の小さい花を、子どもが赤飯に見立て、ままごと遊びに使ったことから、アカマンマとも呼ばれます。高さ20〜50cm。道ばたや荒れ地などに生えます。果実ができた後も花びらが残り、果実を包みます。

パイオニア植物

開発や地面の崩壊などで空き地になった場所に、いち早く生えてくる植物を「パイオニア植物」といいます。草ではイタドリ、ススキなど、樹木ではシラカンバ、アカメガシワなど……。これらの植物は、生長にたっぷりの日光を必要とします。しかし生い茂るとその下は陰になるため、自分たちの子孫は育ちにくく、やがて日陰に強い植物に取って代わられます。

ミズヒキ（タデ科・多年草）

小さな花が長い枝に並んで咲きます。4つに割れたがく片の上3枚が赤く下1枚が白いため、花の集まりを上から見ると赤、下から見ると白く見え、これを水引にたとえたのが名の由来です。高さ50〜80cm、林ややぶのふちなどに生えます。

◀がく片の上3枚が赤く、下1枚が白くなっている。花 は2〜3mmと小さい。

ママコノシリヌグイ（タデ科・1年草）

茎に下向きのトゲがあり、これで継子の尻をぬぐう、という何ともひどい命名です。道ばた、林のふちなどの少し湿ったところに生えます。高さ約1m。葉は三角形に近い形です。小さな花が集まって咲き、花の上部が赤い色をしています。

カナムグラ（クワ科・1年草）

荒れ地などに生えるつる性の草です。つるが鉄のようにかたいのでカナ、生い茂る草という意味でムグラ、と名付けられたとされます。葉は手のように5〜7つに裂け、表面には毛が生えていてザラザラします。また、茎に下向きの細かいトゲがあります。雄株と雌株があり、雄花はまばらに付き、雌花は穂のようになって下向きに付きます。

ヒガンバナ

(ヒガンバナ科・多年草)

秋のお彼岸の頃、高さ30〜50cmの花の茎を伸ばし、真っ赤な大きな花を咲かせます。花びらが細く反り返った花が5〜7個、輪のように付いています。地下の球根（鱗茎）は有毒です。道ばたや草地、田のあぜ、土手などで見られます。

▲ごくまれに白い色の花もある。また品種改良された白いヒガンバナもある。

▲あぜに咲くヒガンバナ。古い時代に中国から伝わってきたといわれ、人里に多く咲く。

ヒガンバナに集まる生きもの

赤い色を見分けられるアゲハチョウの仲間がよく訪れます。ただ、花粉を運んでもらっても、できた果実には発芽能力がありません。

▲ヒガンバナに来たモンキアゲハ。

葉と花のおいかけっこ

ヒガンバナは、花の時期には葉が見当たりません。葉は花が終わると伸びてきます。ほかの草が枯れてしまう時期に葉を付けることで日光をひとりじめし、十分栄養をたくわえる作戦なのです。

夏

▲地上からは姿が見えないが、球根（鱗茎）に、開花のための養分が貯めこまれている。

秋

▲花の茎が伸びてきて、開花する。花の頃には葉がない。

冬～春

▶花が終わると葉を伸ばし、光合成を行う。春になると葉は枯れる。

ツルボ

(ユリ科・多年草)

まっすぐに伸びた花の茎の上部に、ピンクの小さな花がたくさん横向きに付きます。根元から出る葉は細長い形ですが、花の時期には葉がないこともあります。草地や土手などに生え、高さは20〜30cmほどになります。

◀春に出るツルボの葉。夏には枯れる。

ヤブラン

(ユリ科・多年草)

木陰などに生えるほか、庭や公園にもよく植えられています。たくさんの長い葉が根元から生え、高さ30〜40cmの花の茎に、紫色の小さな花がたくさん付きます。実は皮がむけて黒くつやのある種子がむき出しになっています。

◀果実ではなく、黒い種子がむき出しになっている。

カヤツリグサ（マスクサ）

（カヤツリグサ科・1年草）

この仲間は、茎の断面が三角形なのが大きな特徴です。線香花火を逆さにしたような姿で、茎の先から何本か枝を伸ばして、さらに枝先が3つに分かれ、小さな花の集まりが付きます。高さ20〜60cm、道ばたや荒れ地、畑などに生えます。

◀ブラシのような花。茎を両端から裂くと、四角形になり、それを蚊帳に見立てて付いた名前。

カラムシ（マオ，クサマオ）

（イラクサ科・多年草）

昔から、繊維をとるために栽培され、高級な織物の材料になります。人里近くに野生でも生えます。葉は卵形で、先が細くとがっていて、ふちにギザギザがあります。裏は毛が生えて白っぽく見えます。小さな雄花と雌花が同じ株に付きます。

チカラシバ

（イネ科・多年草）

引っ張っても簡単には抜けないことが名の由来です。高さ50〜80cm。花の穂には、濃い紫色の長い毛が付いた小穂が集まり、毛虫のように見えます。葉は根元からたくさん生え、表面はザラザラしています。日当たりのよい草地などに生えます。

ススキ（オバナ）

（イネ科・多年草）

▲ススキの穂。風が吹くと果実が毛でふわふわと飛ぶ。

秋を代表する草。お月見で使われたり、昔は茅葺き屋根の材料としても利用されました。高さ1～2m、山や野に大きな株を作って生えます。茎の先のほうきのような部分に花の集まりの小穂がたくさん付き、果実になると白い毛が目立ちます。

見分け方

ススキ
小穂（花の集まり）にのぎがある。乾いたところに生える。

オギ
小穂にのぎはない。湿ったところに生える。

オギ

（イネ科・多年草）

ススキと似た草で、主に水辺に生えます。株は作らず、地下の茎が長く伸びて、面状にたくさん並んで生えます。高さは1～2m、花の集まりである小穂の先に、長い毛のような、のぎがないことが、ススキとの見分けのポイントです。

チヂミザサ（イネ科・多年草）

▲果実には長いのぎがあり、ベトベトの液で濡れたように見える。

葉がササに似て、波打ったように縮れているので、この名があります。林の中や道ばたなどに生え、高さは10～30cm。茎から横向きの短い枝を出し、小穂を付けます。果実はベトベトしていて、動物や人の衣服などにくっつきます。

エノコログサ

(イネ科・1年草)

道ばたや荒れ地などで目にする機会が多い植物で、ネコジャラシの名でおなじみです。緑色の長い毛が生えた花の穂を、犬のしっぽにたとえたのが名前の由来です。高さは30〜60cm、花の穂の長さは2〜5cmです。

見分け方

エノコログサ
花の穂は、先がたれ下がらないものが多い。

アキノエノコログサ
花の穂は、先がたれ下がる。

アキノエノコログサ

(イネ科・1年草)

日当たりのよい、空き地や道ばたなどに生えます。エノコログサよりもやや多く見られます。高さは30〜60cm。花の穂の部分が5〜12cmと長めで、先の方が下向きにたれ下がるのが特徴です。茎の根元は地をはって枝分かれし、節から根を出して増えます。

キンエノコロ

(イネ科・1年草)

花の穂の毛が黄金色をしているため、金のエノコログサという意味で名付けられました。日当たりのよい道ばたや、田畑の近くなどで見られます。高さは30〜60cm、穂の長さは3〜10cmほどです。花の穂がたれ下がらず、まっすぐ上を向いているのも特徴です。

タネを運ぶのはだれ？

タネで増える植物は、みな、タネをできるだけ遠くへ運ぶ仕組みを持っています。それは、新しい芽がほかの芽の日陰に生えたり、密集してしまうと、うまく生長できなくなるからです。タネの「運び屋」は植物によって色々。一体どんな方法があるのでしょうか？

鳥

鳥に食べられる実は、食べる時に鳥に捨てられて、あるいはふんに混じって、タネが遠くへ運ばれます。こうした実は、鳥が好むといわれる赤色や黒色をしていることが多く、また木の実をよく食べるヒヨドリなどの口にピッタリの大きさです。

▶ナナカマドの果実を食べるヒヨドリ。

虫

スミレやカタクリなどの植物のタネには、エライオソームという、脂肪酸を含む物質が付いています。これはアリの大好物。アリは巣の近くまでタネを運んで、エライオソームだけを食べてタネを巣の近くに捨てるのです。

◀カタクリのタネを運ぶトビイロケアリ。

動物

動物にタネが運ばれる方法は2種類あります。1つは大きな実を付けて、サルやクマなどに食べられるもの。もう1つは「ひっつき虫」と呼ばれる草のタネたちです。これらは、かぎのようなトゲやベタベタする液などで動物の毛にくっつき、遠くへ運ばれます。

◀カキの果実を食べるニホンザル。

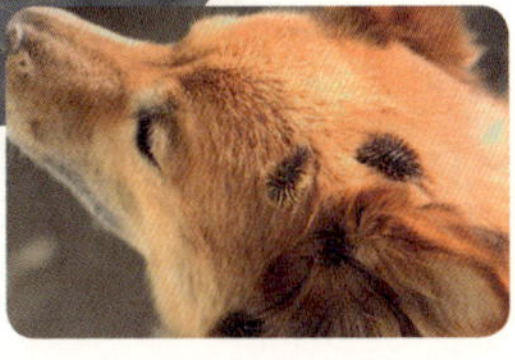

▶犬の毛にくっついて運ばれるイガオナモミのタネ。

風

風の力で、タネが飛ばされる植物もたくさんあります。こうした植物は、平たい翼を持ち、プロペラのように回って滞空時間を延ばしたり、ふわふわの綿毛でパラシュートのように風に乗ったりと、できるだけ遠くまで運ばれるための仕組みを持っています。

▶綿毛で風に乗る、セイヨウタンポポのタネ。

▶くるくると回転するモミジの仲間のタネ。

水

水辺に生える植物には、水の流れで遠くへ運ばれるタネを作るものが多く見られます。ハマオモトのタネは水に浮きやすくて腐りにくく、海流で遠くへ運ばれます。また、水草のアサザのタネは平らで水をはじく毛が生えていて、やはり水に浮かんで運ばれます。

▶水に浮いて流されるミズバショウのタネ。

自力でがんばる

自分の力で、タネを遠くへ飛ばす植物もあります。スミレやカラスノエンドウ、ツリフネソウ、カタバミなどは、実が乾くと割れたりねじれたりして、中のタネを遠くへはじき飛ばします。

▼さやから飛び出るスズメノエンドウのタネ。

▲タネがはじけ出た後のゲンノショウコのさや。

リュウノウギク

（キク科・多年草）

葉や茎をもむと、竜脳という香料に似た香りがすることが名の由来です。高さは30～50cm、日当たりのよい丘や道ばたなどに生える野菊です。葉は大きく3つに切れ込みます。福島県・新潟県以西の本州と、四国、宮崎県に分布します。

◀葉の形は、庭に植えられる園芸品種のキクとよく似ている。

ガンクビソウ（キク科・多年草）

下向きに付く頭花を、キセルの雁首（先の部分）に見立てた名前です。頭花は直径6～8mmと小さめで、先が細くすぼんだような形です。頭花の下には、細長い苞葉が何枚か付きます。高さ30～60cm、山の木陰などに生えます。

▲まだつぼみかと間違ってしまいそうな花の形。

シラヤマギク（キク科・多年草）

山の乾いた草地や道ばたなどで見られます。高さは1～1.5m、白い花びらの数が少なめで、ややさびしい印象です。茎や葉には毛が生え、さわるとザラザラします。茎の下の方の葉はハート形、上の葉は小さめで、ふちにギザギザがあります。

ヒヨドリバナ

（キク科・多年草）

低い山の林のふちなどに生えます。高さ60cm〜1m、白い小さな頭花がたくさん、枝分かれした茎の先に付き、2つに割れた長い雌しべが目立ちます。花の色は紫色のものもあります。葉は2枚向かい合って付き、短い柄があります。

コウヤボウキ

（キク科・落葉樹）

茎が木の幹のようにかたくなるため木の仲間とされますが、茎は細く、高さ60cm〜1mほどなので草に見えます。花びらの先はくるりと巻いています。葉は卵形と細い形の2種類があります。山のやや乾いたところに生えます。

色々な増え方

種子植物の仲間にも、種子以外に子孫を増やす方法を持っているものがあります。

【むかご】
葉の付け根などに、栄養を貯める部分があり、それが落ちて芽を出す。

【地下茎】
地下の茎が伸び、その途中から芽を出す。

【球根、イモ】
地中に栄養を貯める部分があり、それが分かれたり増えたりして、新しい芽を出す。

【ランナー】
地面をはう茎の節から根を下ろし、そこから芽を出す。

◀イチゴのランナー。ランナーの先に緑色の芽が出ている。

オケラ
（キク科・多年草）

若い葉は山菜になり、また根茎はお正月のお屠蘇にも使われます。やや乾いた草地や林のふちなどに生え、高さは30cm～1m。白い小さな花がたくさん集まり、そのまわりの総苞を魚の骨のような形の苞葉が囲むのが特徴です。

◀横から見ると、トゲトゲとした苞葉がわかる。オケラは万葉集にも詠まれているほど、昔から親しまれている。

ヤクシソウ
（キク科・越年草）

道路沿いの斜面など、日当たりのよいところで見られます。高さは30cm～1.2m、茎は何度も枝分かれします。頭花は舌状花だけでできていて、直径1.5cmほどの大きさです。茎に付く葉は、付け根がハート形で茎を抱き込んでいます。

ツリガネニンジン
（キキョウ科・多年草）

小さなつり鐘のような花が、茎を囲むように輪になって、何段も付いている様子が印象的です。根茎は朝鮮人参のように太くなります。花の色は薄紫や白で、茎の高さは40cm～1mです。春の若葉は、トトキと呼ばれる山菜です。

シモバシラ（ユキヨセソウ）

（シソ科・多年草）

山の木陰などに生えます。冬になると、枯れた茎に沿って氷の柱ができ、これが名の由来になっています。秋に咲く花は白く、茎の一方に並んで付きます。高さは40〜90cm。葉は長さ8〜20cmと大きめです。

◀霜柱が付いたシモバシラの茎。毛細管現象で、地面の水分が根から茎へ吸い上げられて凍る。

ツルニンジン（ジイソブ）

（キキョウ科・多年草）

林の中に生えるつる性の草です。直径2.5〜3.5cmほどのつり鐘のような形の花は、切れ込んだ花びらがくるりと反り返り、中をのぞくと濃い紫色の斑点があります。花には葉のように見える長いがく片があります。つるを切ると白い汁が出ます。

マツムシソウ

（マツムシソウ科・越年草）

高原に生え、キクの仲間に似た頭花を付けます。頭花は直径約4cm。まわりの小さな花をよく見ると、花びらが5枚に割れ、そのうち3枚だけが長くなっています。葉は細かく切れ込みます。高さは60〜90cmです。

ツルリンドウ

（リンドウ科・多年草）

林の中などで見られ、花はリンドウによく似ていますが、茎はつるになっていて、何かにからみ付いて伸びます。つるの色は紫がかり、葉の裏も紫色っぽくなることが多いようです。花の後には赤紫色の果実ができます。

◀花は夏から咲きはじめる。リンドウと同じく、つり鐘形の花。

センブリ

（リンドウ科・1年草、越年草）

とても苦い胃の薬として有名で、千回振り出ても苦みがなくならないという意味で名付けられました。明るい草地などに生え、高さは20〜25cm。花は白く、花びらが深く裂けて5枚に見え、紫色のすじが目立ちます。葉は細長い形です。

リンドウ

（リンドウ科・多年草）

漢方では竜胆と呼ばれ、胃の薬になります。草原や土手などに生え、高さは20〜50cm。花は袋のような形で先が5枚に割れ、さらに割れ目の間も小さな花びらのようになっています。花は日が当たっている時だけ開きます。

ヌスビトハギ

(マメ科・多年草)

草地や道ばた、林のふちなどに生える、高さ60cm〜1.2mの草です。秋に見られる果実は、サングラスのような独特の形で、かぎ状の毛で動物などにくっついて運ばれます。花は7〜9月に咲き、長さ3〜4mmと小さめです。

◀2つにくびれた果実が、盗人がつま先立ちで歩いた足跡に似ているというので付いた名前。

ツリフネソウ

(ツリフネソウ科・1年草)

花の柄から、ぶら下がるように付く赤紫色の花を、船に見立てて名前が付けられました。花びらの後ろは細く伸び、くるりと巻いています。熟した果実にさわると、はじけて種子が飛び出します。湿ったところに生える、高さ50〜80cmの草です。

ヤマトリカブト

(キンポウゲ科・疑似1年草)

死に至るほどの猛毒を持つ植物です。山の草原や林のふちに生え、高さ60cm〜1m。紫色の花びらに見えるものはがく片で、烏帽子のような特徴ある形です。葉は3〜5つに切れ込みます。関東地方中部から中部地方東部に生えます。

ホトトギス

(ユリ科・多年草)

花の内側に、たくさんの紅紫色の斑点があり、この斑点が鳥のホトトギスの胸の模様に似ているというのが名前の由来です。高さ40〜80cm、山のやや湿ったところで見られ、崖などではたれ下がるように生えます。

見分け方

ホトトギス	ヤマジノホトトギス
花被がやや斜め上向きに開く。茎に上向きの毛がある。	花被が平らに開く。茎に下向きの毛がある。

ヤマジノホトトギス

(ユリ科・多年草)

林の中などに生え、高さは40〜60cmです。ホトトギスの仲間で、花被がホトトギスと比べて平らに開くことで見分けられます。さらに花被が強く反り返るのはヤマホトトギスです。

イノコズチ (ヒカゲイノコズチ)

(ヒユ科・多年草)

▲よく見ると、小さな雌しべと雄しべがわかる。

林ややぶの中など日陰に生えます。高さ50cm〜1m、茎は四角形で、細長い花の穂に、緑色の目立たない花がまばらに付きます。果実は動物の毛などに引っかかって運ばれます。仲間のヒナタイノコズチは日なたに生え、花の穂が太めです。

キチジョウソウ

(ユリ科・多年草)

よいことが起こる時に開花するという言い伝えがあり、「吉祥草」の名が付きました。高さ10〜30cm、短い地下茎を伸ばして増えます。花は穂のように集まって付き、葉は冬も枯れずに残ります。関東地方以西から九州の、林の中に生えます。

◀花も果実も、背の高い葉に埋もれたように見える。

ヤブミョウガ

(ツユクサ科・多年草)

葉がミョウガに似ているというのが名の由来です。林の中などに生え、高さは50cm〜1m。葉は長さ15〜30cmと大きめで、茎の先に、小さな白い花が茎を囲むように輪になって、数段付きます。関東地方以西に分布します。

◀藍色の果実も、花と同じようにぐるりと茎を囲んでたくさん付く。

ミゾソバ

（タデ科・1年草）

田のあぜや水辺など、湿ったところに生えます。高さは30cm～1m、小さな花がコンペイトウのように集まって咲きます。葉はほこ形で、付け根の部分が左右に張り出しています。茎には下向きのトゲが生えます。

ヤナギタデ（マタデ，ホンタデ，タデ）

（タデ科・1年草）

辛みがあり、若い芽を刺身のつまにしたり、葉を使った「タデ酢」を鮎の塩焼きに添えたりします。水辺に生え、高さは30～80cm。葉は細長い形です。小さな白っぽい花が、長さ4～10cmの枝にまばらに付き、たれ下がります。

オモダカ（オモダカ科・多年草）

水田や湿地などに生えます。高さ20～80cm、葉は、付け根が深く矢じり形に割れた独特の形です。白い花びら3枚の花が咲き、雄花と雌花が同じ茎に付きます。おせち料理に使われるクワイと近い仲間で、地中に球根（球茎）を作ります。

コナギ（ミズアオイ科・1年草）

水田や沼などに生え、代表的な水田の雑草の1つです。葉にかくれるように、青紫色の花が咲き、1日でしぼみます。葉は細長いものやハート形のものなど色々な形があり、花より高く伸びます。高さは10～40cmです。

アシ（ヨシ）

（イネ科・多年草）

茎をよしずの材料にするなど、昔から利用されてきました。池、沼、川原などの水辺に、集まって生えます。高さ1.5～3mと人の背以上に伸び、茎は太くかたくなります。アシは「悪し」に通じるのでよくないとして、ヨシとも呼ばれます。

ジュズダマ

（イネ科・多年草）

水辺にたくさん集まって生えます。高さは1～2m。果実は葉が壺状に変化した苞鞘（ほうしょう）に包まれて、かたくつやがあり、数珠の材料にされました。花は雌雄に分かれ、雌花の集まりは苞鞘に包まれ、雄花の集まりはたれ下がります。

▲丸い苞鞘の中から白い雌しべの先が出ている。熟すと黒くなる。

ツワブキ

（キク科・多年草）

花が少なくなる晩秋、黄色い花を咲かせます。海岸の崖や、マツ林の中などに生え、高さは30～75cm、葉は丸い形で厚くつやがあります。常緑の草で、葉が冬も枯れずに残ります。葉の柄は食べられます。野生で福島県、石川県以西に分布するほか、庭などにも植えられ多くの園芸品種があります。

ヤマハギ

（マメ科・落葉樹）

山の中で見られるハギの仲間の中で、最も多いものの1つがこのヤマハギです。高さ2mほどの半低木で、枝はたれ下がりません。葉は3枚の楕円形の小葉に分かれています。花は紅紫色で、葉の付け根から出た長い枝に、集まって付きます。秋の七草の1つです。

◀小さくて薄い、楕円形の果実。中に1つ種子が入っている。

カキノキ

（カキノキ科・落葉樹）

秋になると、庭先などで、枝一杯に果実を付けた光景が見られます。中国原産の植物で、食用に様々な品種が作られ栽培されています。渋柿と甘柿があり、果実の形も色々です。高さ10m、花は薄い黄色で6月頃咲き、雄花と雌花があります。

◀カキの花はあまり目立たないが、夏の季語に入っている。

アキグミ

（グミ科・落葉樹）

秋に熟す赤い果実は、少し渋みがありますが食べられます。高さは1～2m。葉や花、若い枝などに、白いブツブツがあるのが特徴です。花は春に咲き、花びらはなく、がくが花びらのように見えます。日当たりのよい川原や野原に生えます。

◀白い花びらのように見える部分ががく。白から黄色へと色が変化する。

ノブドウ （ブドウ科・落葉樹）

果実の色が黄緑から赤紫、青紫へと変わっていくので、色とりどりできれいですが、食べられません。果実に虫が入り込み、ふくらんでいることもあります。山や丘、野原などで見られるつる性の木で、葉は3～5つに切れ込みます。

木材の用途

木材は木の種類によって性質が色々で、「この製品を作るなら、この木材」と、相性ピッタリの組み合わせを持つものもあります。いくつかご紹介しましょう。

バット→アオダモ
粘りがあり、狂いが少ない性質が硬式用のバットに最適です。

将棋盤・碁盤→カヤ
かたく、弾力性があるため、碁石や駒のすわりがよいとされます。

棺・卒塔婆→モミ
材が白く美しいので、棺桶や卒塔婆（お墓の横に立てる木の板）に使います。

櫛・印鑑→ツゲ
木目がとても細かく、またかたく壊れにくい性質が最適です。

ハゼノキ
（ハゼ，リュウキュウハゼ，ロウノキ）

（ウルシ科・落葉樹）

細長くとがった小葉が羽のように並び、秋には真っ赤に紅葉します。さわるとかぶれることがあるので注意しましょう。果実の皮からロウがとれます。高さは約10m、山や野に生えるほか、公園などにも植えられます。花は5～6月に咲きます。

ヌルデ（フシノキ）

（ウルシ科・落葉樹）

小葉が羽のように並び、その間にひれのような翼があるのが特徴です。夏に、クリーム色の小さな花がたくさん集まって咲きます。ハゼノキと同じく、果実の皮からロウがとれます。高さは3～7mです。

エノキ

（ニレ科・落葉樹）

葉の上の方だけにギザギザがあるのが特徴です。秋には小さな果実が赤茶色に熟し、葉は黄色くなります。花は小さく、薄い黄色で、春に咲きます。雄花と両性花があります。山に生えるほか、公園などにも植えられ、昔は旅人の目印として一里塚に植えられました。高さは大きいもので25mほどになります。

▲葉はおうぎ形で、羽を広げたチョウにも見える。

▲ギンナンは、イチョウの種子の部分。

イチョウ（イチョウ科・落葉樹）

街路樹によく使われ、秋の黄葉があざやかです。公園や神社などにも植えられます。中国原産で、高さは20mほど。雄株と雌株があり、雌株にはギンナンができます。裸子植物なので種子はむき出しで、外側のやわらかい部分は種子の皮です。

クスノキ（クスノキ科・常緑樹）

葉は3本の脈が目立ち、ちぎるとさわやかな香りがします。公園や神社などによく植えられ、高さは普通10mほどですが、大木になる木も多く、映画「となりのトトロ」のトトロがすむ木としても有名です。関東南部以西に野生でも生えます。

クスノキのダニ部屋

クスノキの葉の裏の、3本の脈が交わる部分には、あらかじめ小さな穴が2つ空いていて、中にフシダニの仲間がすんでいます。この「ダニ部屋」が作られる理由については、色々な説がありますがまだよくわかっていません。

▶すんでいるダニは、クスノキには無害。

この部分の裏。

◀花は春に咲き、秋に黒い果実が熟す。神社などに植えられ、大木になるものもある。

ムラサキシキブ（クマツヅラ科・落葉樹）

3mmほどの小さな、美しい紫色の果実がたくさん付きます。山や野に生える高さ2〜3mの低木で、葉のふちに細かいギザギザがあります。花は初夏に咲きます。仲間のコムラサキは庭によく植えられ、葉の上の方だけにギザギザがあります。

◀夏に咲く花も、果実と同じく紫色。

ヒイラギ（モクセイ科・常緑樹）

葉のふちに鋭いギザギザがありますが、老木では葉のふちが丸くなります。節分には鬼除けとして戸口に枝をさします。高さ2〜4m、山に生えるほか、庭にも植えられ、11月頃、よい香りの白い花が咲きます。雄株と雌株があります。

ヤブコウジ（ヤブコウジ科・常緑樹）

高さ10〜20cmほどのとても小さな木で、山の木陰などで見られます。葉は3〜4枚が輪のように付き、ふちには細かいギザギザがあります。秋に赤く丸い果実が、葉の下にぶら下がるように付きます。花は夏に咲きます。

アオキ（ミズキ科・常緑樹）

若い枝が緑色をしていることが名の由来です。秋に楕円形の果実が赤く熟します。雄株と雌株があり、春に咲く雌花は雌しべが1つ、雄花は雄しべが4つあります。高さ1～2m、宮城県以南の林の中などに生えるほか、庭にも植えられます。

◀春に咲く小さな花は、茶色がかった紫色をしている。

イイギリ（ナンテンギリ）

（イイギリ科・落葉樹）

秋に、赤い果実がたくさん、房になって枝からぶら下がります。高さ10～20m、山に生えるほか、公園や庭などにも植えられます。葉には長い柄があり、長さ10～20cmと大きめです。雄株と雌株があり、花は春に咲きます。

▲花びらのない地味な花が咲く。写真は雄花。

毒を持った植物

毒の成分を含んだ植物は意外にたくさん、また身近なところにあります。よく知らない植物は決して口に入れないようにしましょう。また山菜と間違えやすい毒草もありますので、特に注意しましょう。

実に毒があるもの	エゴノキ、シキミ、ナンキンハゼなど
根や茎に毒があるもの	ヒガンバナ、ドクゼリ、タケニグサ、フクジュソウ、トリカブトなど
全体に毒があるもの	ヨウシュヤマゴボウ、キョウチクトウ、ウマノアシガタ、ウルシなど

ツタ（ナツヅタ）

（ブドウ科・落葉樹）

壁や塀にはわせているのがよく見られます。山や野では木などに張り付いて伸びます。つる性の木で、巻きひげの先の吸盤を使ってものに張り付きます。葉は秋には赤くなります。花は夏に咲き、果実は10月頃黒紫色に熟します。

◀木にからみ付くツタ。葉は切れ込みが入っているものといないものとがある。

ゴンズイ

（ミツバウツギ科・落葉樹）

半月形の赤い果実が裂けると、中から真っ黒な種子が出てくる様子がユニークです。葉は小葉が羽のように並んでいて、ふちに細かいギザギザがあります。花は小さく、5～6月頃咲きます。高さ5～6m、本州の関東地方以西～沖縄の山に生えます。

◀初夏に小さなつぼみのような花を付ける。

トチノキ（トチノキ科・落葉樹）

種子はクリに似ていて、あくを抜いてとち餅の材料にします。ギザギザのある大きな小葉が5〜7枚、手のように集まった葉の形です。花は5月頃咲きます。高さは大きなもので35mほど。山に生えるほか、公園などにも植えられます。

◀トチの果実。熟すと、クリのような種子が出てくる。

ニシキギ（ニシキギ科・落葉樹）

秋の美しい紅葉を錦にたとえて、名前が付けられました。枝に、ひれのような翼が付いているのが特徴です。果実が割れると、中から朱色の種子が出てきてぶら下がります。高さ2〜3m、山や野に生えるほか、庭などにも植えられます。

▲花びらは黄緑色で4枚。初夏に咲く。

マユミ（ヤマニシキギ）（ニシキギ科・落葉樹）

昔、弓を作るのに使われたことが名前の由来とされます。ピンク色の果実は四角張っていて、4つに割れると赤い種子が出てきます。山や野に生え、高さは3〜15m。雄株と雌株があります。種子や果皮に毒があるので注意しましょう。

見分け方

ニシキギ
枝にひれのような翼がある。割れる前の果実は卵を逆さにした形。

マユミ
枝に翼はない。割れる前の果実は四角形。

イロハモミジ

（カエデ科・落葉樹）

最もよく知られるモミジの仲間。葉が7つに裂けるものが多く、これをいろはにほへと、と数えたことが名の由来です。福島県以南の低い山などに生え、庭や公園にも植えられます。高さは10〜25m。葉のふちに二重のギザギザがあります。

▲初夏の、新緑の葉と赤く散らばる花も、紅葉に劣らずきれい。

▲果実には、風で飛びやすいように、プロペラのような形の翼がある。

イタヤカエデ（カエデ科・落葉樹）

山の中で、秋に黄色く色付くカエデの仲間です。葉は5〜7つに浅く裂け、ふちにギザギザはほとんどありません。山に生え、高さは15〜25mほど。春、葉が出る前に、とても小さな黄緑色の花を、枝一杯に付けます。

紅葉の仕組み

葉の中には、色のもとになる色素があり、夏には緑色の葉緑素が目立っている。

秋になると、葉の付け根に壁ができ、光合成で作られたデンプンが葉に貯まる。デンプンが糖に変わり、葉緑素は寒さで破壊されてアミノ酸になる。

糖とアミノ酸から、赤い色素「アントシアン」が作られ、葉が赤くなる。

※黄葉（葉が黄色くなる）の場合は、アントシアンを合成する酵素がないため、葉緑素が破壊されると、葉に元々あった「カロテノイド」という色素が目立つようになり、黄色くなります。

ヤマウルシ（ウルシ科・落葉樹）

全体に、さわるとかぶれる成分を含んでいるので注意が必要です。高さ2〜6m、小葉が羽のように並んだ葉が、枝先に集まって付いています。若い枝や葉の柄が赤色をしているのも特徴です。茎や葉には毛が生えています。秋には紅葉します。

◀果実にはかたい毛が生えている。たくさん集まって付く。

秋冬の樹木

ナナカマド（バラ科・落葉樹）

名前は、7回かまどに入れても燃え残るほど燃えにくい、ということに由来します。秋には葉が真っ赤になり、赤い果実ができます。山に生え、北海道などでは街路樹としてもよく植えられます。高さ6〜15m。花は5〜7月に咲きます。

▲花びらが5枚の白い花が咲く。

サンショウ（ハジカミ）（ミカン科・落葉樹）

若葉や種子によい香りがあり、料理の彩りや香り付けに使われます。秋にできる黒い種子にはピリッとした辛みがあります。高さ2〜4mの低木で、山に生えるほか、栽培もされます。長さ1〜3.5cmほどの小葉が羽のように並びます。

サザンカ

（ツバキ科・常緑樹）

10〜12月に咲き、花の少ない季節を彩ります。ツバキと違い、花びらがバラバラになって散ります。雄しべが筒状にくっつかないことも違いです。高さ5〜6m、四国西南部以西の山に生えるほか、栽培もされ、多くの園芸品種があります。

◀赤い品種のサザンカ。本来の野生の花は白色をしている。

サルナシ （マタタビ科・落葉樹）

果物のキウイの仲間で、秋の果実は食べられます。長さ2〜2.5cmくらいの楕円形で色は薄い緑色、甘酸っぱい味がします。山に生えるつる性の木で、葉は楕円形で長い柄があります。花は5〜7月に咲き、雄花、雌花、両生花があります。

シロダモ （クスノキ科・常緑樹）

10〜11月、小さな黄色っぽい花が咲きます。また、前年咲いた花が同じ時期に赤い果実になるので、花と果実が一緒に見られます。葉は長い形で裏が白く、3本のすじが目立ちます。山に生え、高さは10〜15m。雄株と雌株があります。

◀シロダモの雄花。長く伸びる雄しべが目立ち、4枚の花びらがよく見えない。

ケヤキ（ツキ）（ニレ科・落葉樹）

ほうきを逆さに立てたような木の形が特徴的です。山や野に生え、公園や道路沿いにも植えられます。特に関東地方に多く、大木も見られます。高さ20～40m、葉のふちに鋭いギザギザがあり、秋には黄色や赤に色付きます。

◀10月頃、葉の付け根に、小さな果実が熟す。

アキニレ（イシゲヤキ，カワラゲヤキ）（ニレ科・落葉樹）

秋に花が咲くニレですが、花は淡い黄色でとても小さく、目立ちません。葉は長さ2～6cm、やや厚く、表面につやがあります。ふちのギザギザは一重です。高さは大きいもので約15m、山や野に生えるほか、公園などにも植えられます。

常緑樹、落葉樹、針葉樹の分布

東西、南北に長い日本では、地域によって生える植物が違います。北海道や本州の高山には、針やうろこのような葉を持つ、常緑の針葉樹が多く見られます。北海道～東日本ではブナ・ミズナラなど、秋に葉を落とす落葉広葉樹、関東～西日本ではシイ・カシ類など、つやのある葉を一年中付けている常緑広葉樹が森を作ります。小笠原や奄美諸島以南は亜熱帯気候となり、ガジュマルなど独特の樹木が茂ります。

▼ガジュマルの木。

コナラ（ナラ，ハハソ）

（ブナ科・落葉樹）

雑木林に多く、昔は炭の原料のたきぎに使われました。高さ15〜20m、日当たりのよい山や野に生え、公園などにも植えられます。ドングリは長さ1.5〜2cmで、帽子はうろこ模様です。葉は先の方が幅広く、ふちにとがったギザギザがあります。

アベマキ（コルククヌギ）

（ブナ科・落葉樹）

高さ約20m。葉は長くて裏が白く、ふちに針のようなギザギザがあります。ドングリは長さ1.5〜2.5cm、丸みがあり、帽子に細長い鱗片があります。

ドングリ比べ

日本にはドングリのなる木が21種類あるといわれます（どの仲間をドングリとするかには諸説あります）。ナラの仲間はドングリの帽子がうろこ模様、カシの仲間はドングリの帽子がしま模様（p144ウバメガシは例外）、そして海辺に多いマテバシイの仲間（p144）はドングリのお尻がへこみます。p140のブナ、スダジイ、クリもドングリの仲間です。それぞれに葉や帽子の形に特徴があるので、見比べてみましょう。

ドングリの仲間に集まる生きもの

コナラシギゾウムシ
ゾウムシ科
シギゾウムシの仲間は、若いドングリに穴を開け、卵を産む。幼虫はドングリの中身を食べて育つ。

カブトムシ
コガネムシ科
クヌギやコナラなどの樹液を食料にする。クワガタ、カナブンやスズメバチ、ゴマダラチョウ、オオムラサキなども集まる。

ヤママユガ
ヤママユガ科
幼虫はブナ科の植物の葉を食べる。

ドングリを食べるニホンリス
ドングリはリス、ネズミ、カケス、クマ、サル、シカなど多くの動物の食料になる。

カシワ（ブナ科・落葉樹）

葉を柏餅に使います。ドングリは丸く、長さ1.5〜2cm。帽子に細長くてやわらかいトゲのような鱗片があります。高さ10〜15m。

クヌギ（ブナ科・落葉樹）

高さ約15m。ドングリは丸く、直径約2cm。帽子は細長い鱗片に覆われます。クリと葉が似ていますが、ギザギザの先が透明なことが違いです。

アカガシ（オオガシ，オオバガシ）（ブナ科・常緑樹）

西日本で多いです。ドングリは長さ2cmほど。帽子は横じま模様で、毛が生えます。葉にギザギザはありません。

シラカシ（ブナ科・常緑樹）

ドングリは長さ1.5cmほど。帽子は横じま模様で、毛はありません。関東地方では、よく生け垣に使われます。葉は細長いです。

アラカシ（ブナ科・常緑樹）

山で多く見られます。ドングリは長さ1.5〜2cmで、縦じまがあります。帽子は横じま模様で、灰色の毛が生えます。葉の上部にだけギザギザがあります。

ブナ（ブナ科・落葉樹）

ブナ林は日本の温帯を代表する林ですが、開発や伐採で、原生林は少なくなりました。高さ約30m、樹皮は灰色で、葉のふちに波形のギザギザがあります。秋に葉が黄色くなります。トゲのある皮に包まれた、三角形の果実は食べられます。

◀実は2個入っている。まわりのトゲはやわらかい。

クリ（シバグリ）（ブナ科・落葉樹）

トゲトゲのイガに包まれた果実は、秋の味覚としておなじみです。山に生えるほか、栽培もされ、多くの品種があります。高さ15〜20m、葉は長く、ふちに針のようなギザギザがあります。花は6〜7月に咲き、独特のにおいがあります。

◀長くたれるのは雄花。雌花は小さくて目立たない。

スダジイ（イタジイ）

（ブナ科・常緑樹）

ドングリを包む皮が3つに割れ、中から、長さ1.5〜1.8cmの先がとがったドングリが出てきます。このドングリは食べられます。高さ約30m、暖かい地域の山に生え、公園などにも植えられます。葉の裏は銀色や茶色に見えます。

モミ （マツ科・常緑樹）

クリスマスツリーのような、三角形の木の形になります。高さは約40m、山などに生えます。葉は平たく細長い形で、若い葉は先が2つに分かれています。マツボックリ形の実ができますが、バラバラになって落ちます。

◀実は、上向きに付き、長さ10〜15cmと大きい。

ヤドリギ （ヤドリギ科・常緑樹）

ケヤキやブナなど落葉樹の枝の上に生え、栄養や水分を吸い取って生きる植物です。高さ40〜50cm、11〜12月頃黄色い果実を付けます。果実はネバネバしていて、鳥のふんに混じって運ばれます。雄株と雌株があります。

▲透明感のある黄色い果実。赤い果実のものもあり、アカミヤドリギという。

マンリョウ
（ヤブコウジ科・常緑樹）

関東地方以西の林の中などに生えます。「万両」という縁起のよい名前から、お正月に飾られたり、庭にも植えられます。高さ30cm〜1mの小さな木で、葉のふちは波形をしています。赤い果実は葉の下にかくれるように、集まって付きます。花は小さく、夏に咲きます。色は白で、花びらが5枚に裂けています。

ハンノキ

（カバノキ科・落葉樹）

湿ったところに生え、公園などにも植えられます。葉のふちに浅いギザギザがあります。秋に、小さなマツボックリのような果実ができます。高さ約20m、花は1～3月に咲き、しっぽのようにたれ下がる雄花の集まりが目立ちます。

◀葉が出る前に茶色い花が咲くので、一見枯れているように見える。

オニグルミ

（クルミ科・落葉樹）

川沿いなどに生えるクルミの仲間です。丸い果実がブドウのように連なり、中にかたい殻に包まれた種子があります。葉は小葉が羽のように集まった形で、1枚の小葉は長さ7～12cmほど。高さ約25m、雄花と雌花が同じ木に咲きます。

◀たれ下がって咲く雄花。雌花は枝の先に付く。

ヤブツバキ（ツバキ，ヤマツバキ）

（ツバキ科・常緑樹）

主に海沿いに生えます。2〜4月、大きな花が咲き、花が終わると付け根から花の形のまま落ちます。雄しべは下の部分がくっつき筒状になっています。多くの園芸品種があり、庭や公園に植えられます。高さは大きいもので10〜15mです。

◀果実からは椿油がとれる。熟すと割れて中から種子が出てくる。

ヤツデ（ウコギ科・常緑樹）

▲5mmほどの小さな種子は熟すと黒くなる。

7〜9つに切れ込んだ大きな葉を手に見立てて、「八手」と名付けられました。葉には長い柄があります。高さ3〜5m。 10〜11月、小さな白い花が丸く集まって付きます。翌年の春、黒い果実ができます。関東南部以西の海沿いに生えます。

サンゴジュ（スイカズラ科・常緑樹）

関東南部以西の、海沿いの山に生え、生け垣などにもよく使われます。真っ赤な果実をサンゴに見立てて名付けられたといわれます。果実はやがて黒くなります。葉は向かい合って付き、つやがあります。高さ5〜15m、花は夏に咲きます。

▲小さな花から雄しべがつんつん出ている。

クロマツ（オマツ）

（マツ科・常緑樹）

海沿いに多く生え、防風林などにもよく使われます。樹皮が黒っぽい色をしているのでこの名があります。葉は長い針のような形で2本1組になっていて、かたく、さわると痛く感じます。高さは大きいもので約40m。花が咲いた翌年の秋にはマツボックリが茶色に熟します。

◀マツボックリは最初緑だが、熟すと茶色になる。

マテバシイ（ブナ科・常緑樹）

長さ2～3cmの、大きなドングリができ、食べられます。帽子はうろこ模様で、短い枝に並んで付きます。葉は長さ5～20cm、ギザギザはなく、厚みがあります。高さ15mほど、海沿いに生え、公園などにもよく植えられます。

ウバメガシ（ブナ科・常緑樹）

高級な炭である備長炭の原料になります。暖かい地域の、海沿いの山に生え、高さは普通5～7mほどの低木ですが、18m近くになることもあります。葉は長さ3～6cmと小さめです。ドングリは長さ1～2.2cm、帽子はうろこ模様です。

雑木林と日本人

近年「里山」という言葉をよく耳にしますね。昔、人々は、まきや炭を燃料にして生活していたので、その原料となるクヌギやコナラなどの木を、人里の田畑近くの低山などに植え、林を作って、管理してきました。こうした場所が里山です。幹や枝だけでなく、落ち葉も、農業の肥料として欠かせないものでした。

管理されていた雑木林

里山の雑木林は、20年くらいおきに伐採され、その切り株からまた新しい枝が生えてやがて木に生長するというサイクルがくり返されました。また、林の下に生える低木も刈り取られ、焚きつけに使われました。

雑木林の生態系

林の中には、カタクリやイチリンソウなどの春植物や、スミレ類、チゴユリ、キンラン、キツネノカミソリなど、林の中の環境を好む草花が咲きます。また、樹液を好む昆虫や、ドングリを食べる鳥・動物、草花の蜜を吸う昆虫など、様々な生きものの生活の場にもなります。田畑の環境と合わせて豊かな生態系が作られていました。

雑木林の現在

こうした林は、手入れが行われないと、やがて常緑樹が生えるようになり、暗い林になったり、林の中がササや低木で覆われて、草花が育ちにくくなります。燃料が石油に取って代わられ、まきや炭が使われなくなった現在、里山の荒廃で、すみかを失いつつある動植物も多く、里山の保護活動が盛んになっています。

花を愛でる文化 ～植物と日本人～

植物は、日本人の衣食住になくてはならないものですが、生活の必需品としての植物とは別に、植物を「見て楽しむ」文化も古くから受けつがれてきました。日本最古の歌集、万葉集には、4500余首のうちの約1700首に植物が歌われ、その種類は約160種にもなります。多くの絵画、文学などにも植物が題材として取り入れられています。

サクラのお花見はいつから？

古来お花見の主役はウメでした。ウメが中国から渡来したのは奈良時代以前で、同時に花を「観賞する」文化も伝わりました。万葉集ではハギの141首に次ぐ118首がウメの歌です。一方サクラの歌は40余首しかありませんでした。この頃のサクラは主にヤマザクラです。

✿

サクラのお花見が広まったのは平安時代からで、812年、嵯峨天皇が神泉苑で行ったのが最初といわれます。古今和歌集（905年）では、サクラの歌が、ウメの歌の数の2倍になりました。

✿

この頃の花見は、貴族の楽しみでしたが、戦国時代には、武士や一般の人々にも花見の習慣が広まりました。豊臣秀吉は1598年に、京都の醍醐寺で盛大な花見を催しました。

◀まだ肌寒い時期に咲きはじめるウメからただよう香りは、春が近いことを感じさせてくれる。

古典園芸植物

江戸時代、日本では園芸がとても盛んになり、多くの植物が観賞のために品種改良されるようになりました。こうした植物を古典園芸植物といいます。

✿

品種改良は、中国から渡来したキクやボタンなどから始まり、カキツバタ、アサガオ、ナデシコ、サクラソウなどは様々な花形のものが生み出されました。また、オモト、カエデ、マンリョウなど、葉の形の変化や斑入り葉などを楽しむものも多く見られました。

✿

珍しい園芸品種は高値で取引され、投機の対象にもなりました。また、それぞれの植物を細密な絵画で表した専門書も多く刊行され、その中には、今ではなくなってしまった園芸品種も数多く見ることができます。

江戸時代には、サクラの名所も作られました。8代将軍吉宗が、隅田川の土手など江戸各地にサクラを植えたことが記録に残っています。庶民の間でもにぎやかな花見が行われるようになりました。品種改良も盛んに行われ、サクラの専門書も刊行されました。現在日本中で見られるソメイヨシノは、江戸末期に、江戸の染井というところで植木屋が売り出し、広まったものといわれます。

▲青い空に春風、そして満開のサクラの組み合わせは、日本人の心象風景のひとつではないだろうか。

▲野生のカラタチバナ。

▲野生のサクラソウ。

カラタチバナ：
寛政期に爆発的なブームが起こり、「百両金」の別名が付きました。

アサガオ：
数多くの「変化アサガオ」が生み出されました。

サクラソウ：
天保期頃、様々な色や形の品種が、愛好家達によって盛んに作られました。

植物ってなに？

植物のからだ

植物と動物の違いは何でしょう？　植物の大きな特徴は、葉緑素の働きで、自分で栄養分を作り出せることです。この本で取り上げている植物のほとんどは種子植物という仲間です。種子植物のからだは普通根、茎、葉、花などがあり、それぞれの部分が重要な役割を持っています。

木と草の違い

木は、とても長生きし、くり返し花を咲かせます。また、幹が年々太くなり、表面にはかたい皮があります。草は木と比べると寿命が短く、茎は細く、表面にかたい皮はありません。

葉 太陽光のエネルギーと水と二酸化炭素から栄養分を作る（光合成）。また酸素を取り入れて二酸化炭素を吐き出したり（呼吸）、余分な水を外に出したりもする。

花 種子を作り、子孫を残す働きをしている。

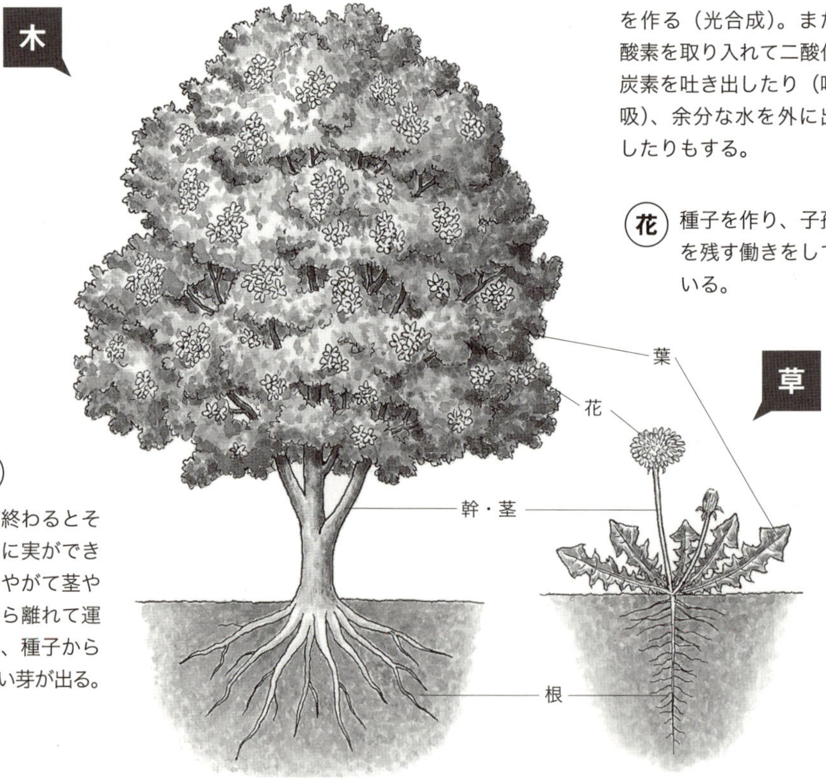

実 花が終わるとその後に実ができる。やがて茎や枝から離れて運ばれ、種子から新しい芽が出る。

幹 **茎** 葉を付けている部分。木の場合は茎にあたる部分がかたく太くなり、幹と呼ばれる。

根 茎の下から土の中に伸び、植物のからだをささえたり、水や栄養分を土の中から吸収したりする。

植物のくらし

草

1年草：春に芽を出して生長し、冬までに花を咲かせ、1年以内に根まですべて枯れる草。

春：芽を出す。

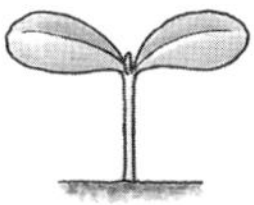

夏：花が咲く。

秋：種子ができる。

冬：枯れる。

越年草：秋に芽を出して生長し、冬を越して夏までに花を咲かせ、1年以内に根まですべて枯れる草。

秋：芽が出る。

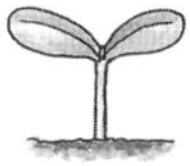

冬：葉で冬を越す。

春：花が咲く。

夏：種子ができ、枯れる。

多年草：地下の部分が2年以上生きていて、何年にもわたって花を咲かせる草。

春：花が咲く。（夏・秋に咲くものもある）

夏・秋：種子ができる。（別の季節もある）

冬：葉は枯れても根が生きている。（常緑の草もある）

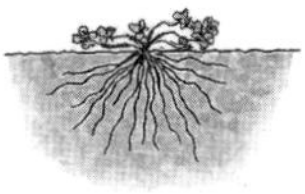

2年草：春または秋に芽を出し、1年目は花を咲かせず、2年目に花が咲き、2年以内で根まですべて枯れる草。

春（秋）：芽が出る。

夏・秋（冬・春）：生長する。花は咲かない。

2年目：花が咲き、種子ができる。

2年目の冬（夏）：枯れる。

木

落葉樹：ある季節になると葉を落とし、緑の葉を付けなくなる木。日本では冬に葉を落とすので夏緑樹とも呼ばれる。

夏

冬

常緑樹：1年中緑の葉を付けている木。それぞれの葉は1年未満〜数年で落ちて、新しい葉と入れかわっている。

夏

冬

用語とつくりの説明

❀ 花の形

花には色々な形があります。ここでは、特徴的なものをいくつか紹介します。

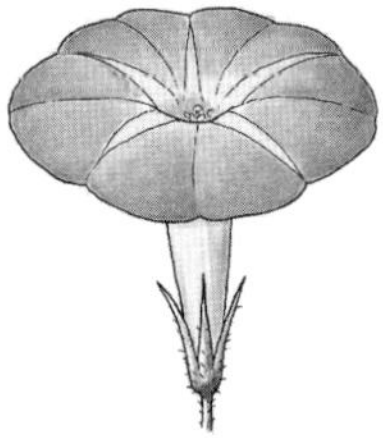

ろうと形

花びらが筒のようにくっつき、上の方がラッパのように広がっている。

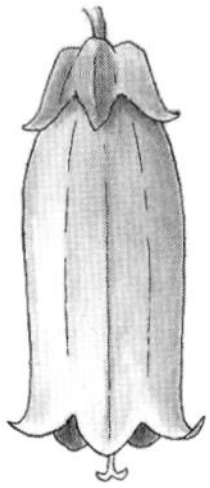

つり鐘形

花びらが筒のようにくっつき、つり鐘のような形になっている。

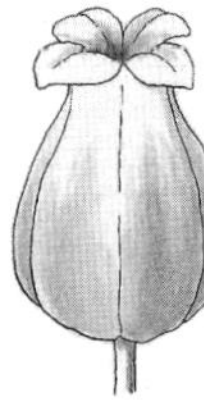

壺形

花びらが筒のようにくっつき、上の方が壺のようにくびれている。

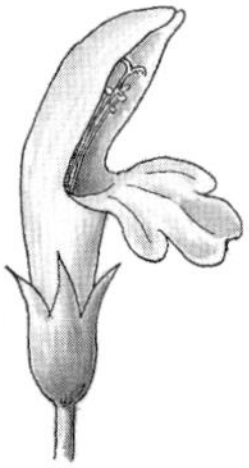

唇形

花びらは下の方がくっついていて、上下2つに大きく裂けている。ゴマノハグサ科やシソ科に多い花。

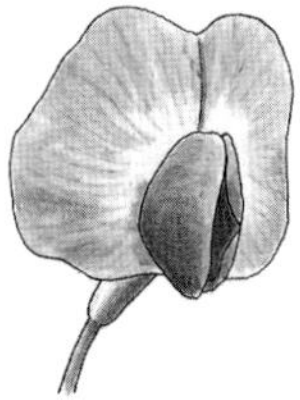

蝶形

花びらは、大きな旗弁1枚、その内側の翼弁2枚、一番内側の竜骨弁2枚がある。マメ科の花。

スミレ科：花びらは、上側の上弁2枚、横の側弁2枚、下の唇弁1枚がある。唇弁は根元が管のようになる（距）。

ラン科：3枚のがく片と3枚の花びらがある。真ん中の花びらは唇弁と呼ばれ、特別な形になる。

ユリ科：6枚の同じ形の花被がある。がく片にあたる部分を外花被片、花びらにあたる部分を内花被片という。

アヤメ科：6枚の花被がある。がく片にあたる部分を外花被片、花びらにあたる部分を内花被片という。

キク科：1つ1つの花は小さく、集まって1つの花のように見える。

イネ科：葉が形を変えたもの（鱗片葉）に包まれた小さな花（小花）が、1〜数個集まって穂（小穂）になっている。花びらは退化している。

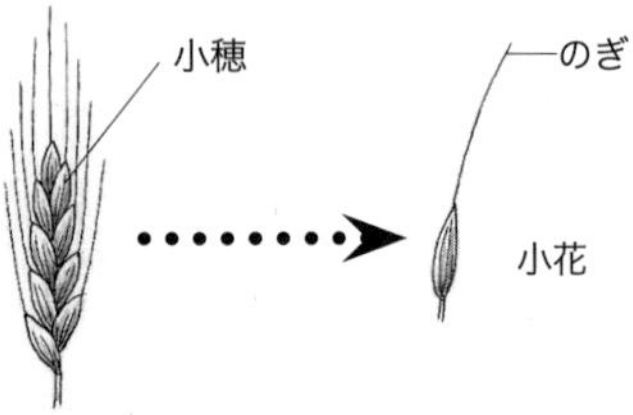

葉の付き方

葉の付き方は植物を見分ける1つのポイントになります。

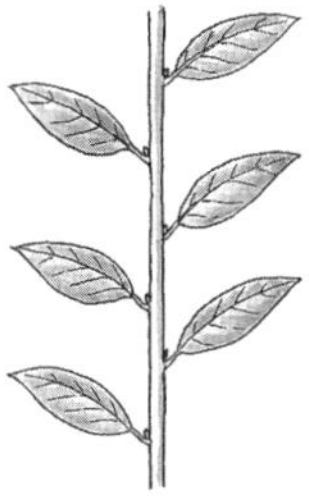

互生
葉が互い違いに付く（1つの節に1つの葉が付く）。

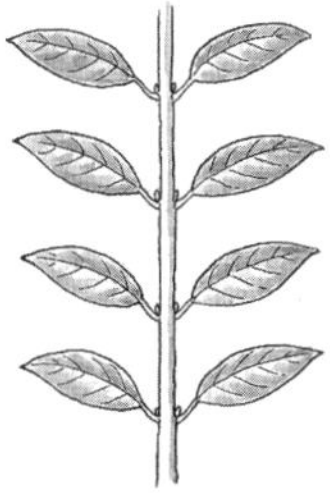

対生
2つの葉が向かい合って付く（1つの節に2つの葉が付く）。

輪生
3つ以上の葉が茎を囲むように付く（1つの節に3つ以上の葉が付く）。

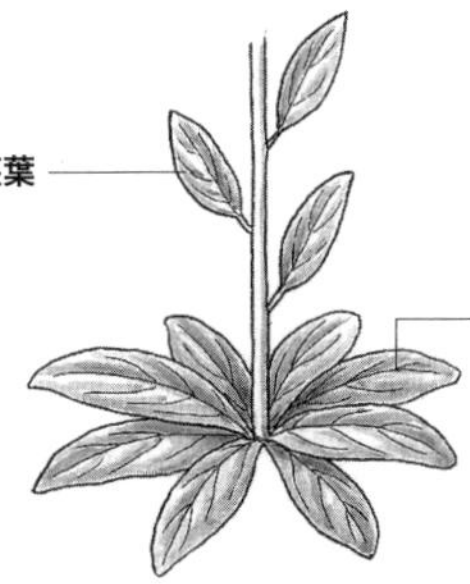

根生葉
地面近くの、茎の根元から出ている葉。伸びた茎に付く葉は茎葉と呼ぶ。

ロゼット
根生葉が冬も枯れず、バラの花のように地面に広がって冬を越すもの。

用語説明

【花や葉の種類について】

花被片　花びらやがく片のことを花被片と呼ぶ。ユリの仲間など、花びらとがく片の形が似ている場合、花びらにあたる部分を内花被片、がくにあたる部分を外花被片と呼ぶ。
距　花びらやがくの一部がふくらんだり、長く伸びて管のようになっている部分。中に蜜がある。
鱗片（鱗片葉）　普通の葉よりずっと小さく、特別な形になった葉。
苞葉（苞）　花の付け根に付き、花を守っている、形を変えた小さな葉。
総苞片　花の集まりの付け根に付いている苞葉。総苞片の集まりを総苞という。
苞鞘　根元がさやのようになった葉の付け根に花がある場合、その葉のこと。普通の葉と違い形が変化している。ジュズダマなどに見られる。
装飾花　雄しべと雌しべが退化して種子を作れないが、花びらやがくが大きく目立つ花。虫を引き寄せる役割を持つと考えられる。
閉鎖花　普通の花と違って花びらが開かず、花の中で自家受粉をして種子を作る花。

合弁花　花びらの一部または全部がくっついている花。
離弁花　花びらが互いに離れている花。

【雌雄について】

両性花　1つの花に雄しべと雌しべの両方がある花。
雄花　雄しべだけがある花。
雌花　雌しべだけがある花。
雌雄同株　雄花と雌花が同じ株に付くもの。
雌雄異株　雄花と雌花が別々の株に付くもの。
株　根が付いた、1つの植物全体のこと。1本の草、または1本の木。根ぎわから、何本もの茎や幹がまとまって生えている場合は、その全体で1つの株。

【受粉について】

自家受粉　1つの株の同じ花の中で、雄しべの花粉が雌しべに付いて受粉すること。自家受粉ができる植物と、自家受粉ではうまく種子ができない植物がある。
他家受粉　雄しべの花粉が、同じ種類の別の株の花の雌しべに付いて受粉すること。
虫媒花　昆虫に花粉が運ばれて、受粉する花。蜜の場所を示す模様やにおいなど、昆虫を呼び寄せる仕組みを持っているものが多い。
鳥媒花　鳥に花粉が運ばれて、受粉する花。丈夫にできていて、遠くからでも目立つものが多い。
風媒花　風に花粉が飛ばされて、受粉する花。花びらがないか目立たず、たくさんの花粉を作るものが多い。
水媒花　水の流れで花粉が運ばれて、受粉する花。水中に生える植物で見られる。

【果実の種類について】

乾果　果実の皮が薄く乾いているもの。
翼果　果実の皮の一部が伸びて、翼のようになった果実。カエデの仲間など。
堅果　果実の皮がかたく、中に1つの種子がある果実。帽子（殻斗）があるものが多い。いわゆるドングリの形の果実。
痩果　果実が1つの部屋になっていて中に1つの種子があり、乾いても裂けないもの。種子のように見える。キクの仲間など（タンポポなど）。
蒴果　果実がいくつかの部屋に分かれていて、乾くといくつかに裂けて開く果実。スミレの仲間など。
豆果　果実が1つの部屋になっていて、果実の皮（さや）の背側と腹側の両方から裂ける果実。マメの仲間。
液果　果実の皮が肉厚で水分が多いもの。
核果　果実の1番内側の皮（内果皮）がかたくなり、その中に種子がある果実。サクラの仲間など（ウメ、モモなど）。
しょう（漿）果　果実の皮のうち、外側から2番目の皮（中果皮）と、1番内側の皮（内果皮）の両方が水分を多く含んでいる果実。ミカン、ブドウの仲間など。
集合果　1つの花の中にたくさんの雌しべがあり、その1つ1つが果実になって集まったもの。キイチゴの仲間、ハスなど。
複合果　2つ以上の花からできた果実が集まって、1つの果実のように見えるもの。クワの仲間、イチジクなど。
球果　裸子植物のうち、マツの仲間やスギの仲間などにできる、マツボックリの形の実。被子植物の果実と違い、種子と鱗片（葉が変化したもの）が集まってできている。
エライオソーム　種子の先にくっついている、アリのえさになるもの。主な成分は脂肪酸。スミレの仲間やカタクリなどに見られる。
翼　**1）**果実の皮の一部が伸びて平たくなった部分。**2）**枝や葉のじくに沿って、葉やひれのようなものが付いているもの。ヌルデやニシキギなどにある。

【茎の種類について】

つる性　茎がまっすぐ立たず、何かに巻き付くか、巻きひげ・根などで何かにつかまって上へ伸びる性質。

つる植物　つる性の植物。

地下茎　地下にある茎。

根茎　地下にある茎で、丸くふくらんでいないもの。

球根　球茎や鱗茎、塊茎などをまとめた呼び方。

球茎　地上の茎の付け根に作られ、丸い形にふくらんだ地下茎。薄い皮に包まれる。

鱗茎　地下茎のじくに、栄養を貯めて厚くなった小さな葉がたくさん集まり、丸くなったもの。

塊茎　塊のような形にふくらんだ地下茎。薄い皮に包まれていない。

【樹木の種類について】

半落葉樹　落葉樹と同じく、冬になると多くの葉を落とすが、一部の葉は生きたまま枝に付いて、冬を越す木。

針葉樹　針のような細い葉を持つ木。裸子植物のうち、イチョウとソテツ以外の木はみな針葉樹で、ヒノキのようにうろこのような葉を持つ木などもこの仲間に入る。

広葉樹　幅の広い葉を持つ木。被子植物のうち、双子葉植物の仲間の木。

被子植物　胚珠（種子になる部分）が子房に包まれている植物。果実ができる。

裸子植物　胚珠（種子になる部分）が子房に包まれていない植物。果実はできず、種子がむき出しになる。

【植物の仲間分けについて】

種（しゅ）　生物を仲間分けする際の基本になる単位。1つ1つの生物の種類のこと。同じ種のものは、代々伝わる、決まった形や性質を持っている。

科　形や性質がよく似た種を集めて作られたグループ。同じ科のものは、同じ祖先から進化した可能性が高いと考えられている。科の中に、さらに細かい仲間分け（属）がある。

変種　種より細かい仲間分け。同じ種の中で、大きさや色、形（毛の有無など）などが少し違うもの。種より細かい分け方には、ほかに、亜種、品種などがある。

帰化植物　人間の力で外国から侵入し、新たに野生で生えるようになった植物。

園芸品種　野生ではなく園芸的に栽培されている植物で、形や特徴によって１つの仲間として名前を付けられたもの。品種改良などで人の手で作られたものも多い。

栽培植物　国内に元々野生では生えておらず、外国から持ち込まれたり、かけ合わせで作られたりして、栽培されている植物。

原産地　帰化植物や栽培植物などが、元々野生で生えていた地域。

※１年草、２年草、多年草、越年草、落葉樹、常緑樹については、植物のくらし（p149）を参照のこと。

さくいん

図鑑の植物種名を50音順に並べています。別名は細字で記載しています。

ア行

カ行

サ行

タ行

ナ行

ハ行

マ行

ヤ行

ラ行

ワ行

高橋秀男（たかはし　ひでお）

神奈川県立生命の星・地球博物館名誉館員

1935年、長野県生まれ。大町山岳博物館学芸員、神奈川県立博物館学芸部長を経て、神奈川県立生命の星・地球博物館に勤務。専門は、植物分類学、地域植物相の研究。現在、同博物館名誉館員。

装幀	石川直美（カメガイ デザイン オフィス）
編集協力	三谷英生・室橋織江（ネイチャー・プロ編集室）
	大地佳子
写真提供	平野隆久、高橋秀男、ネイチャー・プロダクション
イラスト	高橋悦子
本文デザイン	亀井優子（ニシエ芸株式会社）
編集	鈴木恵美（幻冬舎）

知識ゼロからの野草図鑑

2010年2月10日　第1刷発行

監修者　高橋秀男
発行人　見城　徹
編集人　福島広司

発行所　株式会社 幻冬舎
〒151-0051　東京都渋谷区千駄ヶ谷4-9-7
電話　03-5411-6211（編集）　03-5411-6222（営業）
振替　00120-8-767643
印刷・製本所　株式会社 光邦

検印廃止

ISBN978-4-344-90178-0 C2095
Printed in Japan
幻冬舎ホームページアドレス　http://www.gentosha.co.jp/
この本に関するご意見・ご感想をメールでお寄せいただく場合は、comment@gentosha.co.jpまで。